Jeden Tag besser

Mathematik

Intensivtraining Bruchrechnen

6. Klasse

Cornelsen
SCRIPTOR

Lernplan von ....

Brüche	Bearbeitet am	☹ 😐 ☺	↺ ✓
Bruchteile 4		○	
Unechte Brüche und gemischte Zahlen . 6		○	
Brüche am Zahlenstrahl 8		○	
Brüche erweitern und kürzen 10		○	
Brüche vergleichen und ordnen 12		○	
Bruchteile von Größen 14		○	
Test – Vermischte Übungen 16		○	
Mit Brüchen rechnen	**Bearbeitet am**	☹ 😐 ☺	↺ ✓
Brüche addieren und subtrahieren 18		○	
Gemischte Zahlen addieren und subtrahieren 20		○	
Brüche vervielfachen und teilen 22		○	
Brüche multiplizieren und dividieren 24		○	
Test – Vermischte Übungen 26, 39		○	
Dezimalzahlen	**Bearbeitet am**	☹ 😐 ☺	↺ ✓
Bruch und Dezimalzahl 40		○	
Dezimalzahlen darstellen und vergleichen 42		○	

Bruchteile

Brüche beschreiben Teile eines Ganzen.

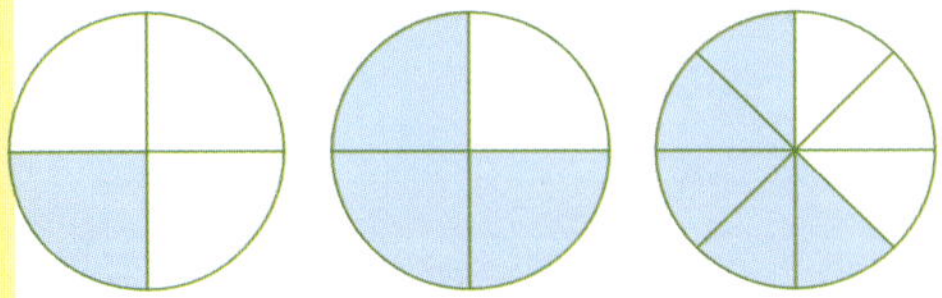

$\frac{1}{4}$ **Pizza** $\frac{3}{4}$ **Pizza** $\frac{5}{8}$ **Pizza**

Ein Bruch besteht aus:

$\frac{5}{8}$ ← Zähler (5), Bruchstrich, Nenner (8)

Der Nenner gibt an, in wie viele gleiche Teile ein Ganzes aufgeteilt wird, der Zähler gibt an, wie viele von diesen Teilen genommen werden.

1 Gib den gefärbten Anteil der Figuren als Bruch an.

a)

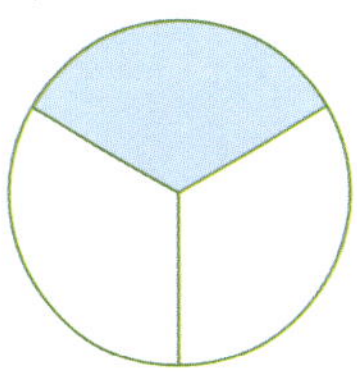

$\frac{1}{3}$

b)

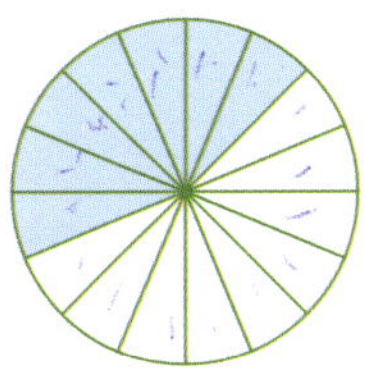

$\frac{7}{16}$

c)

$\frac{5}{9}$

d)

$\frac{3}{5}$

4

2 Welcher Bruchteil der Gesamtstrecke ist gefärbt?

a)

$\frac{5}{11}$

b)

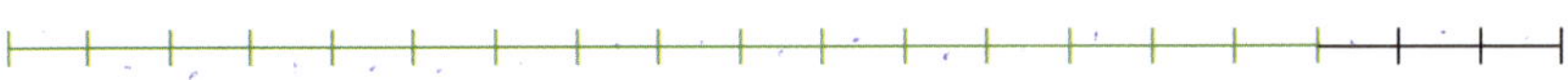

$\frac{16}{18}$

c)

$\frac{3}{15}$

3

3 Zeichne die Bruchteile farbig ein.

a) $\frac{8}{15}$

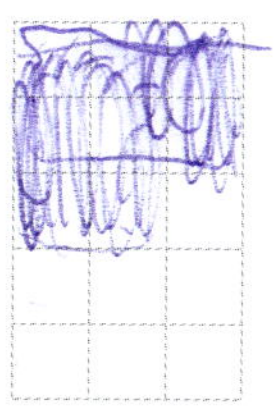

b) $\frac{1}{3}$

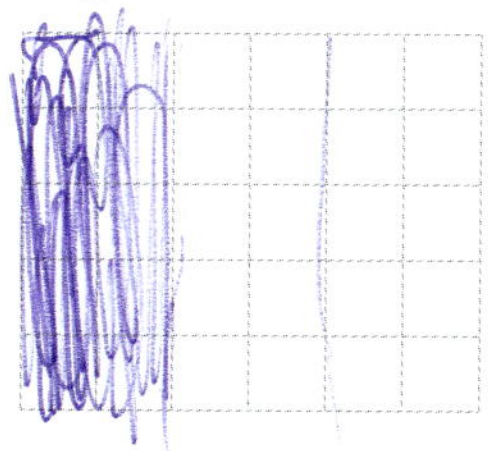

c) $\frac{5}{6}$

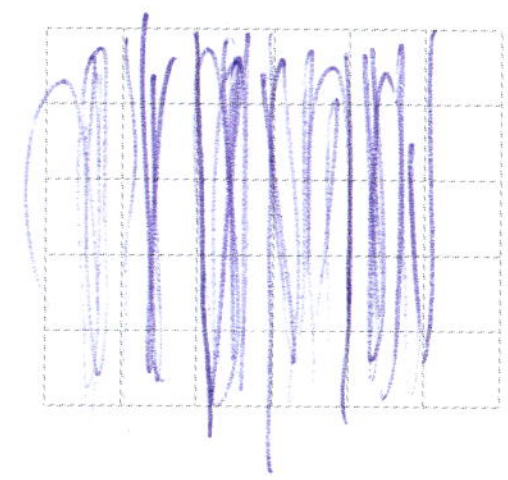

d) $\frac{1}{3}$

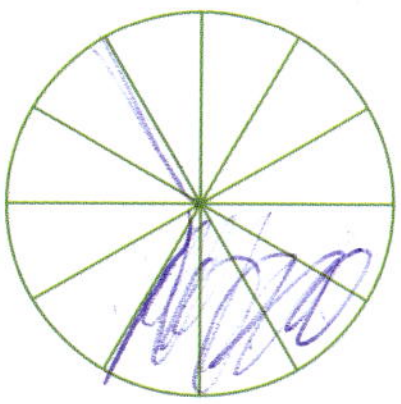

e) $\frac{3}{8}$

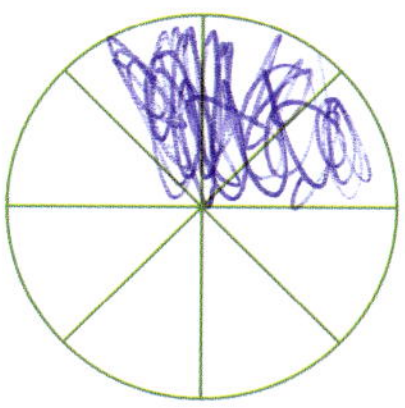

f) $\frac{4}{9}$

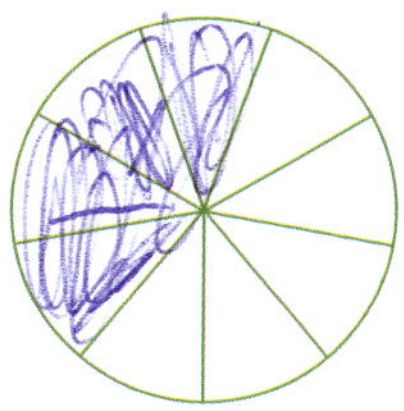

g) $\frac{3}{4}$

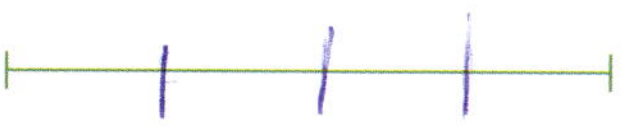

h) $\frac{3}{10}$

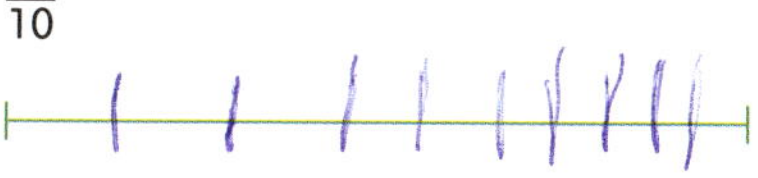

8

4 Die dargestellten Figuren sind Bruchteile eines Ganzen. Ergänze zur ganzen Figur.

a) $\frac{1}{4}$

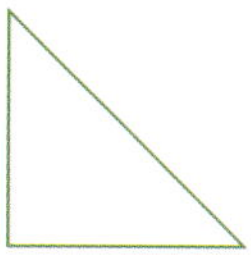

b) $\frac{2}{5}$

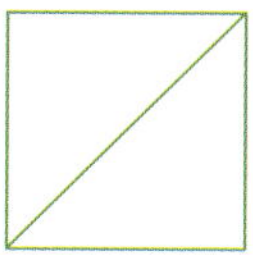

c) $\frac{3}{8}$

3

18–15 Punkte | 14–10 Punkte | 9–0 Punkte | Gesamtpunktzahl

Unechte Brüche und gemischte Zahlen

Brüche, deren Zähler kleiner als der Nenner ist, heißen echte Brüche.
Brüche, deren Zähler größer als der Nenner ist, heißen unechte Brüche.

Unechte Brüche können in gemischte Zahlen (Summe aus einer natürlichen Zahl und einem echten Bruch) umgewandelt werden.

$\frac{3}{3}$	+	$\frac{1}{3}$	=	$\frac{4}{3}$	unechter Bruch
1	+	$\frac{1}{3}$	=	$1\frac{1}{3}$	gemischte Zahl

1 **Schreibe als unechten Bruch und als gemischte Zahl.**

a) 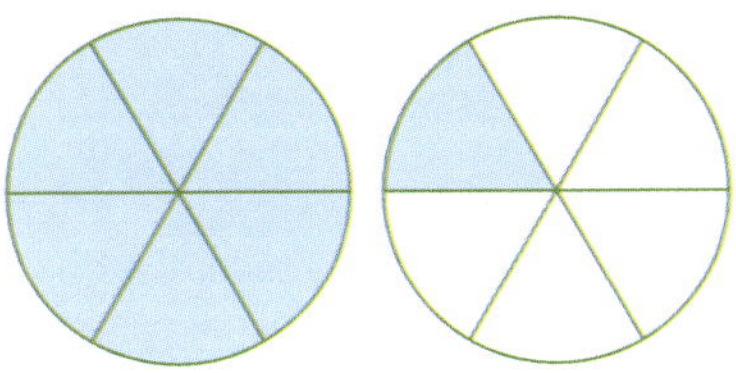

______ = ______

b) 

______ = ______

c) 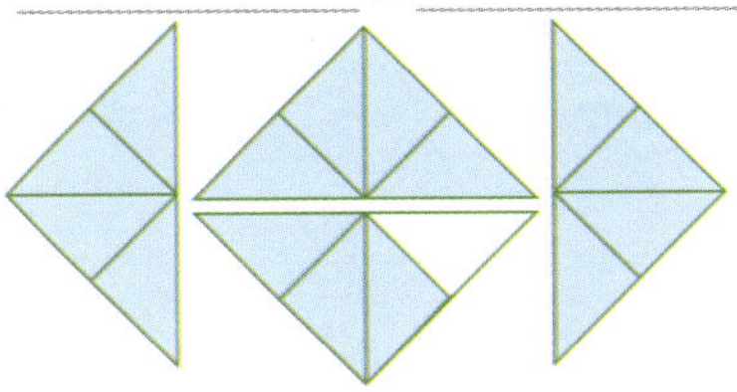

______ = ______

d) 

______ = ______

4

2 **Gib als gemischte Zahl an.**

a) $\frac{10}{3}$ = ______ b) $\frac{5}{2}$ = ______ c) $\frac{7}{4}$ = ______ d) $\frac{6}{5}$ = ______

4

3 **Wandle die unechten Brüche in gemischte Zahlen um. Schreibe wie im Beispiel.**

Beispiel: $\frac{10}{3} = 10 : 3 = 3 + \frac{1}{3} = 3\frac{1}{3}$

a) $\frac{5}{2}$ = ______ b) $\frac{73}{8}$ = ______

c) $\frac{47}{4}$ = ______ d) $\frac{23}{9}$ = ______ | 4

4 **Wandle die Brüche – ohne die Zwischenrechnung aufzuschreiben – in gemischte Zahlen um. Kürze, wenn möglich, das Ergebnis.**

Tipp: Manchmal ist es sinnvoll, zuerst den Bruch zu kürzen (s. S. 11).

Beispiel: $\frac{100}{14} = \frac{50}{7} = 7\frac{1}{7}$

a) $\frac{97}{25}$ = ______ b) $\frac{150}{100}$ = ______

c) $\frac{63}{4}$ = ______ d) $\frac{142}{16}$ = ______ e) $\frac{145}{12}$ = ______ | 5

5 **Wandle die gemischten Zahlen in unechte Brüche um. Rechne bei a) und b) wie im Beispiel. Rechne bei c) bis f) den Zwischenschritt im Kopf aus.**

Beispiel: $4\frac{2}{3} = 4 + \frac{2}{3} = \frac{12}{3} + \frac{2}{3} = \frac{14}{3}$

a) $5\frac{6}{7}$ = ______ = ______ b) $4\frac{7}{10}$ = ______ = ______

c) $12\frac{1}{3}$ = ______ d) $6\frac{12}{15}$ = ______ e) $7\frac{8}{9}$ = ______ f) $25\frac{3}{5}$ = ______ | 6

6 **Fülle die Tabelle aus.**

	a)	b)	c)	d)	e)
Angabe als unechter Bruch	$\frac{13}{4}$		$\frac{8}{5}$		$\frac{51}{8}$
Angabe als gemischte Zahl		$7\frac{2}{3}$		$10\frac{5}{9}$	

| 5

28–22 Punkte 21–15 Punkte 14–0 Punkte Gesamtpunktzahl

Brüche am Zahlenstrahl

Wie für jede natürliche Zahl kannst du für jeden Bruch einen Punkt auf einem Zahlenstrahl markieren.
Beachte: Zu einem Punkt gibt es mehrere Brüche mit dem gleichen Wert. Zum Beispiel haben die Brüche $\frac{3}{4}$ und $\frac{6}{8}$ sowie $\frac{2}{8}$ und $\frac{4}{16}$ den gleichen Wert.

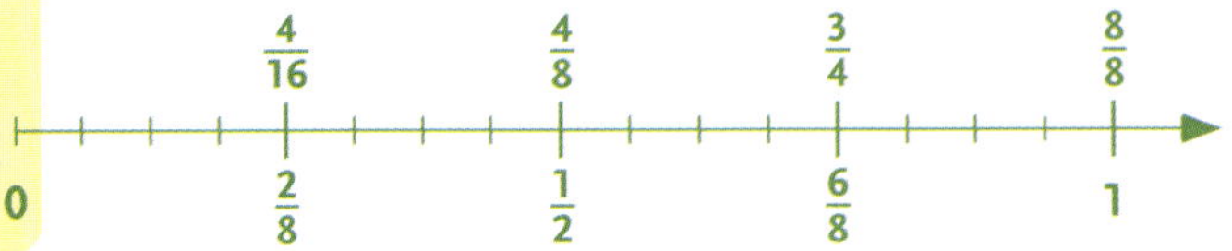

1 **a) Trage die Brüche ein, die die Pfeile am Zahlenstrahl anzeigen.**

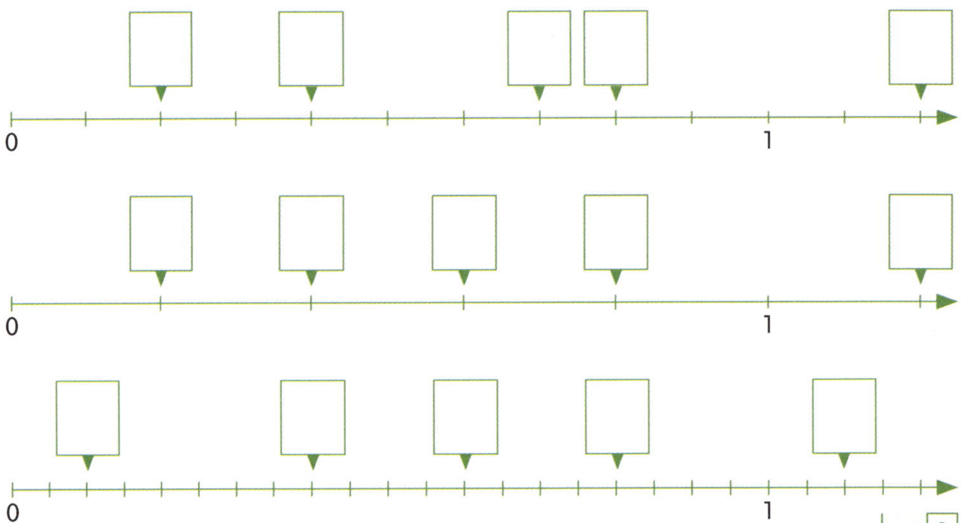

3

b) Lies an den Zahlenstrahlen ab, welche Brüche den gleichen Wert haben, und notiere sie.

5

c) Bestimme mithilfe der obigen Zahlenstrahlen die fehlenden Zähler und Nenner.

$\frac{1}{5} = \frac{}{20}$ $\frac{9}{10} = \frac{}{20}$ $\frac{3}{5} = \frac{}{10}$ $1\frac{1}{5} = 1\frac{}{20}$ $\frac{3}{10} = \frac{}{20}$

5

2 **Schreibe folgende Brüche unten an den Zahlenstrahl. Trage gleichwertige Brüche untereinander ein.**

a) $\frac{3}{6}$; $\frac{1}{24}$; $\frac{2}{3}$; $\frac{7}{8}$; $\frac{1}{2}$; $\frac{3}{12}$; $\frac{1}{4}$; $\frac{21}{24}$; $\frac{1}{8}$; $\frac{4}{6}$; $\frac{1}{3}$

b) $1\frac{1}{8}$; $\frac{4}{16}$; $\frac{2}{4}$; $\frac{4}{8}$; $\frac{20}{16}$; $\frac{6}{8}$; $1\frac{1}{2}$; $\frac{3}{4}$; $\frac{8}{8}$; $1\frac{1}{4}$

3 **Zeichne einen Zahlenstrahl.**

a) Zeichne 6 cm für die Strecke 0 bis 1.
Trage die Brüche $\frac{2}{3}$; $1\frac{1}{2}$; $\frac{1}{12}$; $\frac{8}{6}$; $\frac{2}{6}$; $\frac{3}{4}$ und $\frac{7}{12}$ ein.

b) Zeichne 4 cm für die Strecke 0 bis 1.
Trage die Brüche $\frac{9}{4}$; $\frac{3}{8}$; $1\frac{1}{2}$; $\frac{16}{8}$; $\frac{3}{4}$ und $1\frac{1}{8}$ ein.

23–18 Punkte | 17–12 Punkte | 11–0 Punkte | Gesamtpunktzahl

Brüche erweitern und kürzen

Beim Erweitern eines Bruches multiplizierst du Zähler und Nenner mit derselben Zahl. Der Wert des Bruches ändert sich dadurch nicht.

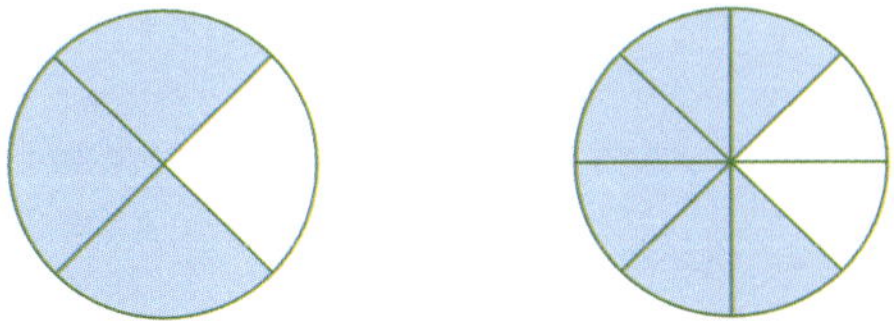

$\frac{3}{4} = \frac{6}{8}$

$$\frac{3}{4} = \frac{3 \cdot 2}{4 \cdot 2} = \frac{6}{8}$$

1 Erweitere ...

a) mit 4: $\frac{7}{8}$ = ... = ... b) mit 5: $\frac{5}{9}$ = ... = ...

c) mit 3: $\frac{13}{24}$ = ... = ... d) mit 7: $\frac{15}{19}$ = ... = ...

4

2 Ergänze die fehlenden Zahlen.

a) $\frac{3}{5} = \frac{\quad}{20}$ b) $\frac{6}{7} = \frac{18}{\quad}$ c) $\frac{8}{9} = \frac{\quad}{54}$ d) $\frac{2}{3} = \frac{26}{\quad}$ e) $\frac{\quad}{7} = \frac{25}{35}$

f) $\frac{3}{\quad} = \frac{24}{32}$ g) $\frac{5}{12} = \frac{30}{\quad}$ h) $\frac{13}{15} = \frac{\quad}{105}$ i) $\frac{21}{\quad} = \frac{84}{104}$ j) $\frac{27}{32} = \frac{\quad}{160}$

10

3 Schreibe als Bruch mit dem Nenner 60.

a) $\frac{2}{3}$ = ... b) $\frac{7}{12}$ = ... c) $\frac{7}{4}$ = ...

d) $\frac{9}{15}$ = ... e) $\frac{4}{5}$ = ... f) $\frac{19}{30}$ = ...

g) $\frac{1}{3}$ = ... h) $\frac{11}{15}$ = ...

8

4 Schreibe als Bruch mit dem Nenner 112.

a) $\frac{7}{14}$ = ... b) $\frac{1}{2}$ = ... c) $\frac{3}{7}$ = ... d) $\frac{8}{28}$ = ...

4

Beim Kürzen eines Bruches dividierst du Zähler und Nenner durch die gleiche Zahl (gemeinsamer Teiler).

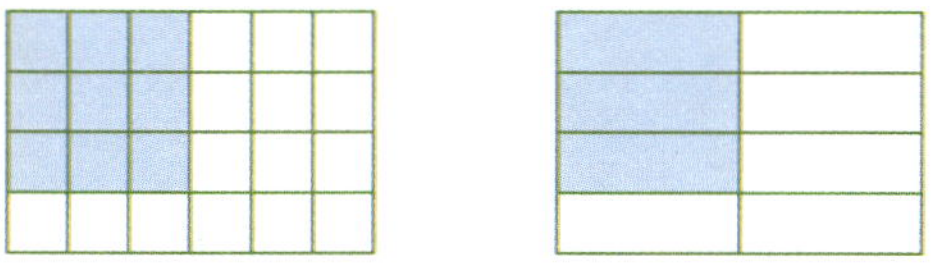

$\frac{9}{24} = \frac{3}{8}$

$\frac{9}{24} = \frac{9:3}{24:3} = \frac{3}{8}$

Brüche, bei denen Zähler und Nenner keine gemeinsamen Teiler haben, nennt man teilerfremd.

5 Kürze …

a) mit 9: $\frac{18}{27} =$ ………… $=$ …… b) mit 7: $\frac{7}{49} =$ ………… $=$ ……

c) mit 10: $\frac{110}{120} =$ ………… $=$ …… d) mit 12: $\frac{84}{120} =$ ………… $=$ …… ☐ 4

6 Suche die fehlenden Zähler und Nenner.

a) $\frac{18}{45} = \frac{\quad}{5}$ b) $\frac{32}{44} = \frac{8}{\quad}$ c) $\frac{48}{60} = \frac{\quad}{5}$ d) $\frac{20}{30} = \frac{2}{\quad}$

e) $\frac{25}{\quad} = \frac{1}{2}$ f) $\frac{\quad}{72} = \frac{7}{9}$ g) $\frac{126}{\quad} = \frac{9}{13}$ h) $\frac{\quad}{153} = \frac{5}{9}$ ☐ 8

7 Kürze vollständig, möglichst in einem Schritt.

Tipp: Suche zuerst den größten gemeinsamen Teiler von Zähler und Nenner.

a) $\frac{8}{24} =$ …… b) $\frac{45}{60} =$ …… c) $\frac{40}{160} =$ …… d) $\frac{27}{33} =$ ……

e) $\frac{55}{132} =$ …… f) $\frac{208}{234} =$ …… g) $\frac{162}{171} =$ …… h) $\frac{57}{95} =$ …… ☐ 8

☐ 46–36 Punkte 35–24 Punkte 23–0 Punkte ☐ Gesamtpunktzahl

Brüche vergleichen und ordnen

So vergleichst du gleichnamige Brüche (Brüche mit gleichen Nennern):
Je kleiner der Zähler, desto kleiner der Bruch.

$\frac{2}{9} < \frac{5}{9} < \frac{7}{9}$

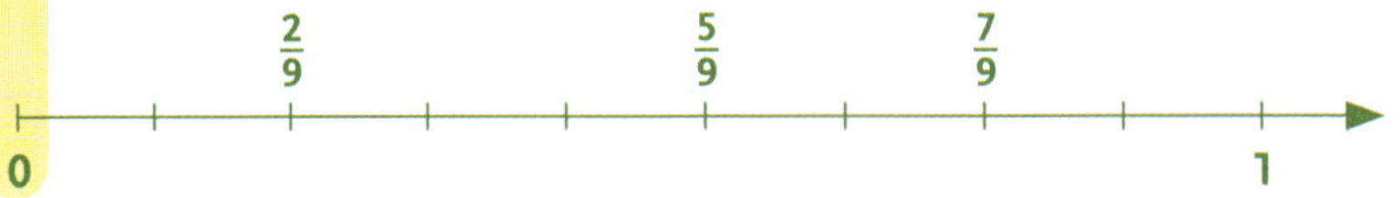

1 Kleiner oder größer? Setze das passende Zeichen (< oder >) ein.

Tipp: Wandle unechte Brüche zuerst in gemischte Zahlen um.

a) $\frac{2}{4}$ ☐ $\frac{3}{4}$ b) $\frac{7}{9}$ ☐ $\frac{4}{9}$ c) $6\frac{5}{7}$ ☐ $6\frac{4}{7}$

d) $5\frac{5}{11}$ ☐ $5\frac{3}{11}$ e) $3\frac{1}{4}$ ☐ $\frac{15}{4}$ f) $\frac{11}{3}$ ☐ $3\frac{1}{3}$

☐ 6

**2 Ordne der Größe nach. Beginne mit der kleinsten Zahl.
Verwende das Zeichen <.**

a) $\frac{7}{9}; \frac{3}{9}; \frac{9}{9}; \frac{13}{9}; 1\frac{2}{9}$ ....

b) $\frac{8}{11}; \frac{14}{11}; \frac{3}{11}; 1\frac{5}{11}$ ....

☐ 2

So vergleichst du Brüche mit gleichem Zähler:
Je größer der Nenner, desto kleiner der Bruch.

$\frac{5}{11} > \frac{5}{16}$, denn $\frac{1}{11} > \frac{1}{16}$

3 Ordne die Brüche der Größe nach, beginne mit der kleinsten Zahl.

a) $\frac{12}{33}; \frac{12}{15}; \frac{12}{17}; \frac{12}{25}; \frac{12}{13}$ ....

b) $\frac{7}{8}; \frac{7}{11}; \frac{7}{10}; \frac{7}{7}; \frac{7}{3}$ ....

☐ 2

So vergleichst du <u>ungleichnamige Brüche</u> (Brüche mit unterschiedlichen Nennern):

- Mache die Brüche zuerst gleichnamig. Suche dazu das kleinste gemeinsame Vielfache der Nenner (= Hauptnenner). — $\frac{3}{4}$ und $\frac{2}{3}$ — kgV (4; 3) = 12
- Erweitere die Brüche auf den Hauptnenner. — $\frac{9}{12}$ und $\frac{8}{12}$ → $\frac{9}{12} > \frac{8}{12}$
- Vergleiche. — $\frac{3}{4} > \frac{2}{3}$

4 Vergleiche mithilfe des Hauptnenners. Setze passend $<$ oder $>$ ein.

a) $\frac{3}{5}$ ☐ $\frac{2}{3}$ kgV (5; 3) = ____

b) $\frac{5}{8}$ ☐ $\frac{7}{12}$ ____

c) $\frac{2}{3}$ ☐ $\frac{3}{7}$ ____ | 3

5 Ordne die Brüche nach der Größe. Beginne mit dem kleinsten Bruch.

$\frac{1}{4}$; $\frac{3}{10}$; $\frac{2}{5}$; $\frac{19}{50}$; $\frac{7}{20}$

Erweitere die Brüche zuerst auf einen passenden Hauptnenner.

____

____ $<$ ____ $<$ ____ $<$ ____ $<$ ____ | 2

6 Mache die Brüche gleichnamig und ordne sie nach der Größe. Beginne mit der größten Zahl.

$\frac{13}{5}$; $\frac{15}{6}$; $\frac{33}{15}$; $\frac{7}{2}$ ____

____ | 2

17–13 Punkte | 12–9 Punkte | 8–0 Punkte | Gesamtpunktzahl

Bruchteile von Größen

Mithilfe eines Bruchs können Anteile einer bestimmten Größe (Länge, Gewicht, Zeitspanne usw.) angegeben werden.

Zur Berechnung teilst du die Größe zuerst durch den Nenner und multiplizierst das Ergebnis mit dem Zähler.

$\frac{3}{4}$ von 56 m sind 42 m.

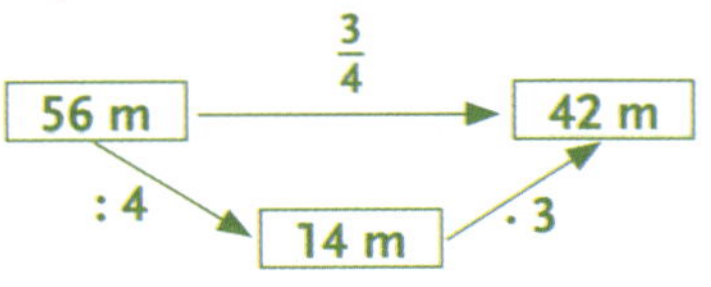

1 **Berechne. Zeichne zuerst ein Pfeilbild.**

a) $\frac{5}{7}$ von 70 m = ______

b) $\frac{3}{12}$ von 60 min = ______

4

2 **Berechne im Kopf.**

a) $\frac{1}{2}$ von 14 kg = ______

b) $\frac{3}{5}$ von 450 € = ______

c) $\frac{2}{3}$ von 27 m = ______

d) $\frac{2}{5}$ von 25 kg = ______

e) $\frac{4}{7}$ von 35 € = ______

f) $\frac{7}{10}$ von 120 m = ______

6

3 **Wer rechnet hier richtig? Prüfe nach.**

Katja: $\frac{3}{4}$ von 12 cm = (12 cm · 3) : 4 = ______

Sonja: $\frac{3}{4}$ von 12 cm = (12 cm : 4) · 3 = ______

2

4 **Berechne. Wandle vorher in eine kleinere Maßeinheit um.**

Beispiel: $\frac{3}{10}$ *von 1 m* = $\frac{3}{10}$ *von 100 cm* = *30 cm*

a) $\frac{3}{8}$ von 4 km = ______

b) $\frac{1}{5}$ von 9 cm = ______

c) $\frac{2}{3}$ von 1 Jahr = ______

☐ / 3

5 **Gib in der angegebenen Einheit an (h = Stunde).**

a) $\frac{3}{4}$ m = ______ cm

b) $\frac{3}{4}$ km = ______ m

c) $\frac{3}{4}$ h = ______ min

d) $\frac{2}{5}$ m = ______ cm

e) $\frac{3}{10}$ ha = ______ a

f) $\frac{46}{50}$ kg = ______ g

g) $\frac{17}{20}$ km = ______ m

h) $\frac{12}{25}$ g = ______ mg

☐ / 8

6 **Berechne den Anteil wie im Beispiel.**

Beispiel: *40 € von 80 €* = $\frac{40}{80}$ € = $\frac{1}{2}$ €

a) 12 m von 18 m = ______

b) 25 g von 175 g = ______

c) 6 Schüler von 36 Schülern = ______

d) 3 Monate von 1 Jahr = ______

☐ / 4

7 **Gib mithilfe eines Bruchs an.**

a) 20 cm = ______ m

b) 800 m = ______ km

c) 140 cm = ______ m

d) 110 min = ______ h

e) 20 m^2 = ______ a

f) 250 g = ______ kg

☐ / 6

☐ 33–25 Punkte | 24–17 Punkte | 16–0 Punkte | ☐ Gesamtpunktzahl

Test – Vermischte Übungen

1 **Welche Brüche haben den gleichen Wert? Schreibe wie im Beispiel.**

$\frac{7}{8}$ $\frac{12}{18}$ $\frac{3}{2}$ $\frac{91}{104}$ $\frac{2}{3}$ $\frac{29}{11}$ $\frac{30}{210}$ $\frac{1}{7}$ $\frac{12}{8}$ $\frac{58}{22}$

Beispiel: $\frac{3}{2} = \frac{12}{8}$

______ ______ ______ ______ | 4

2 **Kürze in einem Schritt so, dass Zähler und Nenner teilerfremd sind.**

a) $\frac{90}{210}$ = ______ b) $\frac{49}{77}$ = ______ c) $\frac{160}{224}$ = ______

d) $5\frac{66}{110}$ = ______ e) $2\frac{25}{40}$ = ______ f) $7\frac{81}{135}$ = ______ | 6

3 **Vergleiche. Setze <, > oder = ein.**

a) $\frac{9}{12}$ ☐ $\frac{3}{4}$ b) $2\frac{3}{8}$ ☐ $\frac{20}{8}$ c) $1\frac{6}{7}$ ☐ $\frac{26}{14}$

d) $\frac{14}{20}$ ☐ $\frac{9}{10}$ e) $1\frac{3}{4}$ ☐ $1\frac{4}{5}$ f) $1\frac{7}{9}$ ☐ $\frac{24}{18}$ | 6

4 **Mache die Büche gleichnamig und ordne sie der Größe nach. Beginne mit dem kleinsten Bruch.**

$1\frac{5}{6}$; $1\frac{3}{12}$; $1\frac{3}{4}$; $1\frac{13}{24}$; $1\frac{2}{3}$

______

______ | 3

5 **Schreibe die Brüche als natürliche Zahlen.**

a) $\frac{16}{4}$ = ______ b) $\frac{120}{15}$ = ______ c) $\frac{150}{25}$ = ______ | 3

6 **Ergänze die fehlenden Zähler und Nenner.**

a) $\frac{7}{8} = \frac{\underline{\quad}}{32}$ b) $\frac{\underline{\quad}}{88} = \frac{7}{11}$ c) $3\frac{7}{16} = 3\frac{35}{\underline{\quad}}$ d) $\frac{60}{\underline{\quad}} = \frac{5}{12}$ e) $\frac{195}{52} = \frac{15}{\underline{\quad}}$ | 5

7 **Wandle in eine gemischte Zahl um.**

a) $\frac{93}{5}$ = ______ b) $\frac{312}{16}$ = ______ c) $\frac{123}{8}$ = ______ | 3

8 **Wandle in einen unechten Bruch um.**

a) $4\frac{5}{12}$ = ______ b) $11\frac{4}{5}$ = ______ c) $7\frac{3}{14}$ = ______ d) $1\frac{23}{24}$ = ______

e) $9\frac{6}{7}$ = ______ f) $10\frac{3}{44}$ = ______ g) $15\frac{8}{9}$ = ______ h) $23\frac{3}{5}$ = ______ | 8

9 **Berechne den angegebenen Bruchteil.**

a) $\frac{4}{10}$ von 50 € = ______ b) $\frac{7}{12}$ von 84 min = ______

c) $\frac{2}{3}$ von 45 cm^2 = ______ d) $\frac{5}{8}$ von 2 l = ______ | 4

10 **Gib in der gemischten Schreibweise und in der nächstkleineren Einheit an.**

a) $\frac{5}{2}$ m = ______ m = ______ dm

b) $\frac{28}{10}$ a = ______ a = ______ m^2

c) $\frac{95}{20}$ l = ______ l = ______ cm^3

d) $\frac{44}{8}$ kg = ______ kg = ______ g

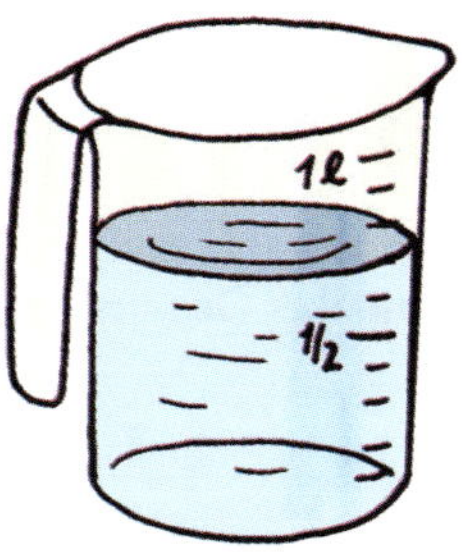

| 4

46–36 Punkte | 35–24 Punkte | 23–0 Punkte | Gesamtpunktzahl

Brüche addieren und subtrahieren

So addierst und subtrahierst du <u>gleichnamige</u> Brüche:

- **Addiere oder subtrahiere die Zähler**
- **behalte den gemeinsamen Nenner bei.**

Kürze zum Schluss.

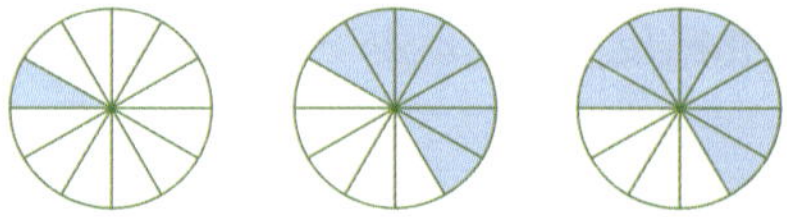

$\frac{1}{12} + \frac{7}{12} = \frac{8}{12} = \frac{2}{3}$

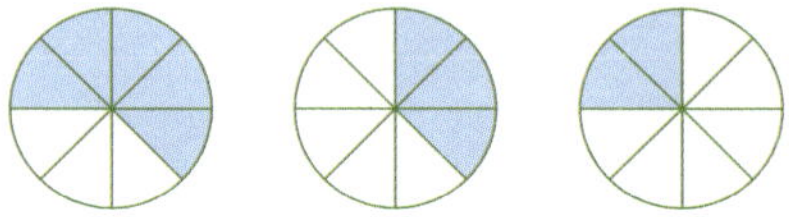

$\frac{5}{8} - \frac{3}{8} = \frac{2}{8} = \frac{1}{4}$

1 **Schreibe als Additionsaufgabe.**

a) 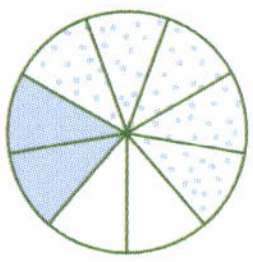

b) 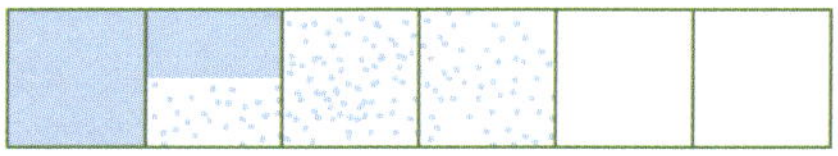

________________ ________________ | 2

2 **Addiere oder subtrahiere. Kürze das Ergebnis immer vollständig. Gib, wenn möglich, als gemischte Zahl an.**

a) $\frac{4}{7} + \frac{5}{7}$ = ________________

b) $\frac{3}{4} - \frac{1}{4}$ = ________________

c) $\frac{8}{9} - \frac{5}{9}$ = ________________

d) $\frac{13}{12} + \frac{7}{12}$ = ________________

e) $\frac{13}{24} + \frac{9}{24}$ = ________________

f) $\frac{13}{24} - \frac{9}{24}$ = ________________

g) $\frac{72}{20} - \frac{38}{20}$ = ________________

h) $\frac{24}{25} + \frac{36}{25}$ = ________________ | 8

3 **Berechne das Gesamtgewicht.**

a) $\frac{1}{8}$ kg + $\frac{3}{8}$ kg + $\frac{4}{8}$ kg = ________________

b) $\frac{3}{4}$ kg + $\frac{3}{4}$ kg = ________________ | 2

So addierst und subtrahierst du ungleichnamige Brüche:
- Bestimme den kleinsten gemeinsamen Nenner (Hauptnenner)
- Erweitere auf den gemeinsamen Nenner, addiere oder subtrahiere dann die gleichnamigen Brüche.

$\frac{5}{8} + \frac{1}{10}$

kgV (8; 10) = 40

$\frac{5 \cdot 5}{8 \cdot 5} + \frac{1 \cdot 4}{10 \cdot 4} = \frac{25}{40} + \frac{4}{40}$

$\frac{25}{40} + \frac{4}{40} = \frac{29}{40}$

$\frac{25}{40} - \frac{4}{40} = \frac{21}{40}$

4 **Berechne. Gib, wenn möglich, das Ergebnis gekürzt und als gemischte Zahl an.**

a) $\frac{5}{6} + \frac{4}{9}$ = ____________ b) $\frac{1}{2} + \frac{2}{3}$ = ____________

c) $\frac{2}{3} + \frac{9}{10}$ = ____________ d) $\frac{2}{5} + \frac{2}{3}$ = ____________

e) $\frac{9}{10} - \frac{15}{100}$ = ____________ f) $\frac{4}{9} - \frac{5}{12}$ = ____________

g) $\frac{24}{25} - \frac{3}{5}$ = ____________ h) $\frac{7}{6} - \frac{4}{15}$ = ____________ [ ] 8

5 **Stefan isst auf einer Party $\frac{1}{3}$ Pizza mit Salami, $\frac{7}{8}$ Pizza mit Käse und $\frac{5}{12}$ Pizza mit Thunfisch. Wie viel Pizza hat er gegessen?**

Rechnung: ____________

Antwort: ____________ [ ] 2

6 **Ergänze die fehlenden Zahlen.**

a) $\frac{3}{4} + \square = \frac{13}{18}$ b) $\square - \frac{1}{3} = \frac{7}{6}$ c) $\frac{8}{5} + \square = \frac{34}{15}$

d) $\square + \frac{3}{6} = \frac{27}{10}$ e) $\square - \frac{9}{4} = \frac{3}{20}$ f) $\square - 3\frac{4}{5} = \frac{1}{5}$ [ ] 6

[ ] 28–22 Punkte 21–15 Punkte 14–0 Punkte [ ] Gesamtpunktzahl

Gemischte Zahlen addieren und subtrahieren

So addierst du gemischte Zahlen:
Addiere die ganzen Zahlen und addiere die Brüche.
Entsteht hierbei ein unechter Bruch, wandelst du ihn in eine gemischte Zahl um und addierst sie zu der Summe der ganzen Zahlen.

$4\frac{3}{5} + 3\frac{2}{3} = 7 + \frac{9}{15} + \frac{10}{15} =$

$7 + \frac{19}{15} = 7 + 1\frac{4}{15} = 8\frac{4}{15}$

1 **Berechne in deinem Heft. Gib vollständig gekürzt und als gemischte Zahl an.**

a) $1\frac{5}{6} + 4\frac{2}{3} =$ ____________ b) $7\frac{3}{4} + 2\frac{3}{10} =$ ____________

c) $5\frac{9}{20} + 6\frac{5}{8} =$ ____________ d) $10\frac{1}{6} + 8\frac{3}{4} =$ ____________

e) $4\frac{1}{4} + 2\frac{5}{6} =$ ____________ f) $2\frac{7}{9} + 5\frac{2}{3} =$ ____________ | 6

2 **Berechne die Gesamtlänge.**

$2\frac{1}{4}$ m + $4\frac{4}{5}$ m + $1\frac{3}{10}$ m = ____________ | 2

3 **Wie alt sind die Geschwister zusammen?**

Anja ist $11\frac{1}{4}$ Jahre, Katrin $9\frac{1}{2}$ Jahre und Tobias ist $13\frac{2}{3}$ Jahre alt.

Rechnung: ____________

Antwort: ____________ | 2

4 **Addiere in deinem Heft. Gib vollständig gekürzt und als gemischte Zahl an.**

a) $2\frac{5}{9} + 5\frac{1}{4} + 1\frac{5}{6} =$ ____________ b) $5\frac{3}{5} + 2\frac{7}{10} + 3\frac{3}{4} =$ ____________

c) $3\frac{8}{15} + 4\frac{4}{5} + 2\frac{7}{10} =$ ____________ d) $4\frac{5}{8} + 3\frac{5}{6} + 2\frac{7}{12} =$ ____________ | 4

So subtrahierst du gemischte Zahlen:

- Subtrahiere die ganzen Zahlen und die Brüche getrennt voneinander. Wandle eventuell ein Ganzes vorher in einen Bruch um

$4\frac{3}{5} - 2\frac{3}{10} = 4\frac{6}{10} - 2\frac{3}{10} = 2\frac{3}{10}$

$8 - \frac{2}{5} = 7\frac{5}{5} - \frac{2}{5} = 7\frac{3}{5}$

$6\frac{1}{4} - 2\frac{3}{4} = 5\frac{5}{4} - 2\frac{3}{4} = 3\frac{2}{4} = 3\frac{1}{2}$

- oder wandle die gemischten Zahlen zuerst in unechte Brüche um.

$2\frac{5}{8} - 2\frac{1}{2} = \frac{21}{8} - \frac{5}{2} = \frac{21}{8} - \frac{20}{8} = \frac{1}{8}$

5 Berechne.

a) $5\frac{4}{5} - 3\frac{1}{5}$ = ______ b) $6\frac{4}{5} - 2\frac{3}{4}$ = ______

c) $9 - 3\frac{3}{7}$ = ______ d) $11 - 6\frac{5}{13}$ = ______

e) $6\frac{4}{9} - 3\frac{7}{9}$ = ______ f) $8\frac{10}{17} - 6\frac{16}{17}$ = ______

g) $8\frac{5}{8} - 5$ = ______ h) $8\frac{1}{4} - 3\frac{5}{6}$ = ______

i) $7 - 3\frac{1}{2} - 2\frac{2}{3}$ = ______

☐ 9

6 Gib das Ergebnis in Bruchschreibweise an. Kürze vollständig und schreibe als gemischte Zahl, wenn möglich.

a) $2\text{ kg} - \frac{2}{5}\text{ kg}$ = ______ b) $1\frac{3}{4}\text{ kg} - 250\text{ g}$ = ______

c) $1\frac{3}{8}\text{ km} - 375\text{ m}$ = ______ d) $1\frac{1}{5}\text{ m} - 40\text{ cm}$ = ______

☐ 4

7 Ergänze die fehlenden Zahlen.

a) ☐ + $2\frac{3}{4}$ = $2\frac{7}{8}$ b) $4\frac{2}{3}$ + ☐ = $9\frac{13}{15}$

c) $4\frac{3}{5}$ + ☐ = $7\frac{7}{20}$ d) $1\frac{5}{9}$ − ☐ = $\frac{2}{9}$

☐ 4

☐ 31–24 Punkte 23–16 Punkte 15–0 Punkte ☐ Gesamtpunktzahl

Brüche vervielfachen und teilen

So vervielfachst du Brüche mit einer natürlichen Zahl:
Multipliziere den <u>Zähler</u> mit der Zahl, behalte den Nenner bei. $\frac{5}{7} \cdot 3 = \frac{5 \cdot 3}{7} = \frac{15}{7} = 2\frac{1}{7}$

Wenn möglich, kürze vor dem Ausrechnen. $\frac{7}{12} \cdot 4 = \frac{7 \cdot 4}{12} = \frac{7 \cdot 1}{3} = \frac{7}{3} = 2\frac{1}{3}$

Wandle gemischte Zahlen in unechte Brüche um. $2\frac{1}{5} \cdot 3 = \frac{11 \cdot 3}{5} = \frac{33}{5} = 6\frac{3}{5}$

1 Berechne.

a) $\frac{3}{4} \cdot 5$ = ______ b) $\frac{1}{8} \cdot 3$ = ______

c) $\frac{5}{9} \cdot 4$ = ______ d) $\frac{11}{10} \cdot 5$ = ______

e) $\frac{7}{20} \cdot 3$ = ______ f) $\frac{13}{100} \cdot 25$ = ______

g) $5 \cdot \frac{9}{10}$ = ______ h) $3\frac{3}{4} \cdot 4$ = ______ 8

2 Wie groß ist …

a) das Doppelte von $1\frac{2}{3}$? ______

b) das Dreifache von $\frac{5}{8}$? ______

c) das Sechsfache von $\frac{9}{5}$? ______ 3

3 Eine Flasche enthält $\frac{3}{4}$ l Saft. Wie viel Liter sind in 13 Flaschen?

Rechnung: ______

Antwort: ______ 2

So teilst du Brüche durch eine natürliche Zahl:
Multipliziere den <u>Nenner</u> mit der Zahl, behalte den Zähler bei.

$\frac{3}{4} : 2 = \frac{3}{4 \cdot 2} = \frac{3}{8}$

Wandle gemischte Zahlen vor dem Ausrechnen in unechte Brüche um.

$3\frac{4}{5} : 3 = \frac{19}{5 \cdot 3} = \frac{19}{15} = 1\frac{4}{15}$

4 **Berechne. Kürze das Ergebnis so weit wie möglich.**

a) $\frac{2}{5} : 10 =$ ____________ b) $\frac{8}{9} : 4 =$ ____________

c) $\frac{4}{5} : 4 =$ ____________ d) $\frac{3}{8} : 6 =$ ____________ ☐ 4

5 **Kürze vor dem Ausrechnen. Wandle gemischte Zahlen in unechte Brüche um.**

Beispiel: $\frac{14}{5} : 20 = \frac{14}{5 \cdot 20} = \frac{7}{5 \cdot 10} = \frac{7}{50}$

a) $\frac{7}{11} : 14 =$ ____________ b) $\frac{21}{2} : 7 =$ ____________

c) $\frac{24}{25} : 36 =$ ____________ d) $3\frac{1}{5} : 48 =$ ____________ ☐ 4

6 **Zwei Geschwister teilen sich $1\frac{3}{4}$ l Mineralwasser. Wie viel erhält jedes Kind? Gib das Ergebnis auch in ml an.**

Rechnung: ____________

Antwort: ____________ ☐ 2

7 **Der Umfang einer quadratischen Platte beträgt $21\frac{2}{5}$ m. Wie lang ist eine Seite?**

Rechnung: ____________

Antwort: ____________ ☐ 2

☐ 25–20 Punkte 19–13 Punkte 12–0 Punkte ☐ Gesamtpunktzahl

Brüche multiplizieren und dividieren

So multiplizierst du Brüche miteinander:
Multipliziere Zähler mit Zähler und Nenner mit Nenner.

$\frac{2}{3} \cdot \frac{4}{5} = \frac{2 \cdot 4}{3 \cdot 5} = \frac{8}{15}$

Brüche in gemischter Schreibweise musst du zuerst in unechte Brüche umwandeln.

$1\frac{1}{5} \cdot 2\frac{3}{4} = \frac{6}{5} \cdot \frac{11}{4} = \frac{6 \cdot 11}{5 \cdot 4} = \frac{33}{10} = 3\frac{3}{10}$

Tipp: Kürze vor dem Ausrechnen, falls möglich.

1 Berechne. Kürze vor dem Ausrechnen.

a) $\frac{1}{2} \cdot \frac{1}{2} =$ ____________

b) $1\frac{2}{3} \cdot 2\frac{2}{5} =$ ____________

c) $\frac{5}{7} \cdot 1\frac{3}{10} =$ ____________

d) $3\frac{3}{4} \cdot \frac{3}{5} =$ ____________

e) $\frac{5}{12} \cdot \frac{10}{9} \cdot \frac{48}{50} =$ ____________

5

2 Berechne Umfang (u) und Flächeninhalt (A) der Rechtecke.

a)

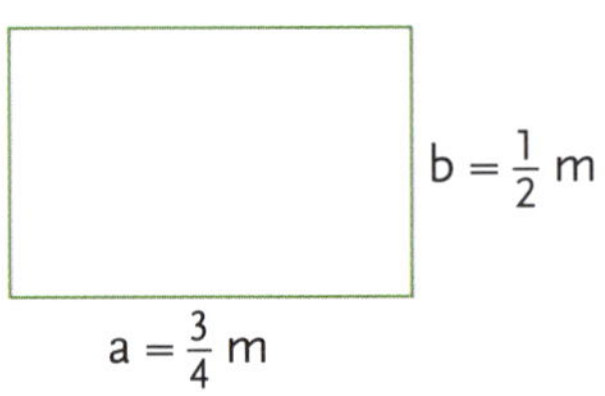

b)

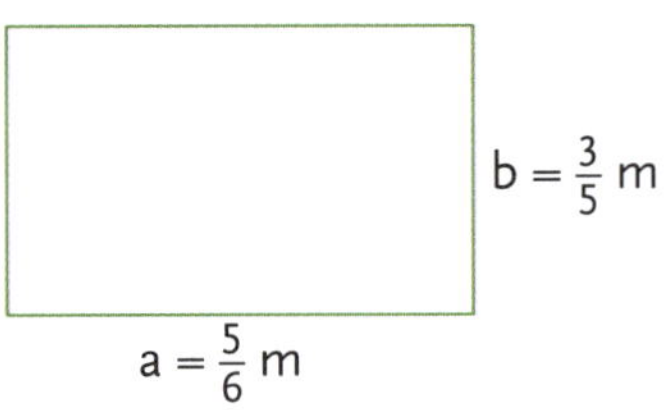

a) u = ____________

A = ____________

b) u = ____________

A = ____________

4

3 Berechne durch vorteilhaftes Kürzen.

$3\frac{1}{2} \cdot 1\frac{3}{7} \cdot \frac{2}{5} =$ ____________

2

So dividierst du Brüche:
Multipliziere den Dividenden mit dem Kehrwert des Divisors.

$$\frac{2}{3} : \frac{4}{5} = \frac{2}{3} \cdot \frac{5}{4} = \frac{2 \cdot 5}{3 \cdot 4} = \frac{10}{12} = \frac{5}{6}$$

↑ Dividend ↑ Divisor ↑ Kehrwert

Brüche in gemischter Schreibweise musst du zuerst in unechte Brüche umwandeln.

$$2\frac{3}{5} : 1\frac{5}{6} = \frac{13}{5} : \frac{11}{6} = \frac{13 \cdot 6}{5 \cdot 11} = \frac{78}{55} = 1\frac{23}{55}$$

4 **Schreibe den Kehrwert auf von ...**

a) $\frac{7}{8}$: ____ b) $\frac{1}{5}$: ____ c) $\frac{9}{7}$: ____ d) 3: ____ e) $\frac{5}{9}$: ____ ☐ 5

5 **Berechne. Kürze vor dem Ausrechnen.**

a) $\frac{1}{4} : \frac{1}{4}$ = ____ b) $\frac{4}{5} : \frac{2}{5}$ = ____

c) $\frac{7}{9} : \frac{2}{3}$ = ____ d) $\frac{44}{55} : \frac{11}{33}$ = ____ ☐ 4

6 **Ein rechteckiger Tisch hat eine Fläche von $4\frac{1}{2}$ m². Eine Seite ist $1\frac{4}{5}$ m lang. Lege eine Skizze an und berechne die Länge der anderen Seite.**

Skizze:

Rechnung: ____

____

Antwort: ____

____ ☐ 3

7 **Ergänze die fehlenden Faktoren. Rechne in deinem Heft.**

a) $2\frac{1}{5} \cdot$ ____ $= 3\frac{2}{3}$ b) $1\frac{3}{7} \cdot$ ____ $= 3\frac{1}{3}$ c) ____ $\cdot 3\frac{1}{2} = 8\frac{1}{2}$ ☐ 3

☐ 26–21 Punkte 20–14 Punkte 13–0 Punkte ☐ Gesamtpunktzahl

Test – Vermischte Übungen

Gib, wenn möglich, das Ergebnis gekürzt bzw. als gemischte Zahl an.

1 Katja feiert mit 6 Freundinnen Geburtstag. Sie mischt $1\frac{3}{8}$ l Mineralwasser mit $1\frac{1}{4}$ l Apfelsaft. Wie viel l Getränk bekommt jedes Mädchen, wenn Katja alles gleichmäßig verteilt?

Rechnung: ______

Antwort: ______ | | 3

2 Dividiere und multipliziere.

a)

	:	4	$\frac{1}{2}$	5	$\frac{3}{4}$
$\frac{2}{5}$					

b)

·	6	$\frac{5}{6}$	$2\frac{1}{2}$	$\frac{1}{2}$
$2\frac{2}{3}$				

| | 8

3 Berechne der Reihe nach.

$1\frac{1}{8}$ → $: 1\frac{1}{2}$ → $\cdot \frac{5}{6}$ → $+ \frac{1}{4}$ → $\cdot 2$ → $- 1\frac{2}{3}$ → $\cdot 12$ → $=$

| | 6

4 Dividiere die Differenz aus $1\frac{1}{3}$ und $1\frac{1}{4}$ durch die Summe der beiden Zahlen. Schreibe zuerst einen Rechenausdruck. Vergiss die Klammern nicht.

______ | | 3

5 Löse die Gleichungen.

a) $\frac{9}{10} \cdot x = 1\frac{1}{8}$ x = ______

b) $\frac{14}{15} : x = \frac{1}{2}$ x = ______

| | 4

★ **Aufgaben mit höherem Schwierigkeitsgrad**

Bei einigen Aufgaben ist der ausführliche Rechenweg unter Teilaufgabe a) angegeben, alle weiteren Teilaufgaben sind nur mit Aufgabe und Ergebnis zur Überprüfung der eigenen Rechnung aufgeführt.

Seite 4

1 a) $\frac{1}{3}$ b) $\frac{7}{16}$ c) $\frac{5}{9}$ d) $\frac{3}{5}$

2 a) $\frac{5}{11}$ b) $\frac{16}{19}$ c) $\frac{3}{15}$

Seite 5

3

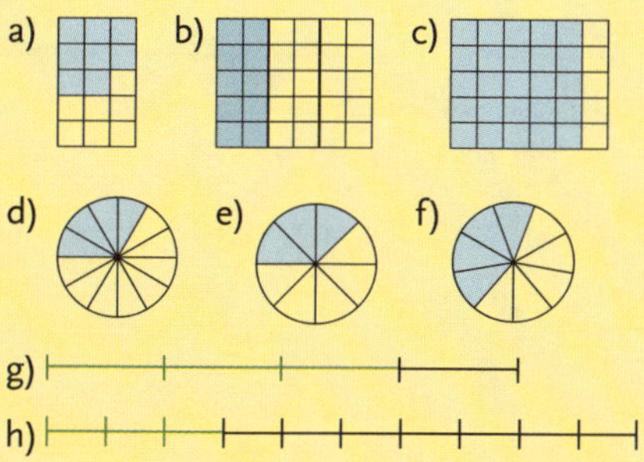

4

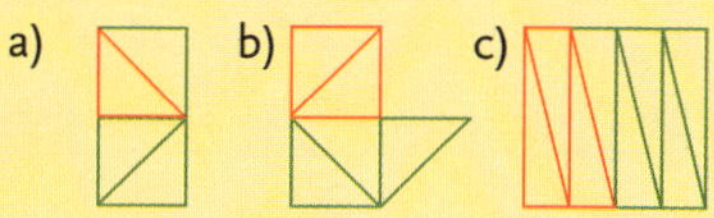

Seite 6

1 a) $\frac{7}{6} = 1\frac{1}{6}$ b) $\frac{21}{8} = 2\frac{5}{8}$

c) $\frac{15}{4} = 3\frac{3}{4}$ d) $\frac{37}{16} = 2\frac{5}{16}$

2 a) $\frac{10}{3} = 3\frac{1}{3}$ b) $\frac{5}{2} = 2\frac{1}{2}$

c) $\frac{7}{4} = 1\frac{3}{4}$ d) $\frac{6}{5} = 1\frac{1}{5}$

Seite 7

3 a) $\frac{5}{2} = 5 : 2 = 2 + \frac{1}{2} = 2\frac{1}{2}$

b) $\frac{73}{8} = 73 : 8 = 9 + \frac{1}{8} = 9\frac{1}{8}$

c) $\frac{47}{4} = 47 : 4 = 11 + \frac{3}{4} = 11\frac{3}{4}$

d) $\frac{23}{9} = 23 : 9 = 2 + \frac{5}{9} = 2\frac{5}{9}$

4 a) $\frac{97}{25} = 3\frac{22}{25}$

b) $\frac{150}{100} = \frac{3}{2} = 1\frac{1}{2}$

c) $\frac{63}{4} = 15\frac{3}{4}$

d) $\frac{142}{16} = \frac{71}{8} = 8\frac{7}{8}$

e) $\frac{145}{12} = 12\frac{1}{12}$

5 a) $5\frac{6}{7} = 5 + \frac{6}{7} = \frac{35}{7} + \frac{6}{7} = \frac{41}{7}$

b) $4\frac{7}{10} = 4 + \frac{7}{10} = \frac{40}{10} + \frac{7}{10} = \frac{47}{10}$

c) $\frac{37}{3}$ d) $\frac{102}{15}$

e) $\frac{71}{9}$ f) $\frac{128}{5}$

6

a)	b)	c)	d)	e)
$\frac{13}{4}$	$\frac{23}{3}$	$\frac{8}{5}$	$\frac{95}{9}$	$\frac{51}{8}$
$3\frac{1}{4}$	$7\frac{2}{3}$	$1\frac{3}{5}$	$10\frac{5}{9}$	$6\frac{3}{8}$

Seite 8

1 *Von links nach rechts:*

a) $\frac{2}{10}; \frac{4}{10}; \frac{7}{10}; \frac{8}{10}; \frac{12}{10}$

$\frac{1}{5}; \frac{2}{5}; \frac{3}{5}; \frac{4}{5}; \frac{6}{5}$

$\frac{2}{20}; \frac{8}{20}; \frac{12}{20}; \frac{16}{20}; \frac{22}{20}$

b) $\frac{2}{10} = \frac{1}{5}$ $\frac{4}{10} = \frac{2}{5} = \frac{8}{20}$ $\frac{3}{5} = \frac{12}{20}$

$\frac{8}{10} = \frac{4}{5} = \frac{16}{20}$ $\frac{12}{10} = \frac{6}{5}$

c) $\frac{1}{5} = \frac{4}{20}$ $\frac{9}{10} = \frac{18}{20}$ $\frac{3}{5} = \frac{6}{10}$

$1\frac{1}{5} = 1\frac{4}{20}$ $\frac{3}{10} = \frac{6}{20}$

Lösungen

Seite 9

2

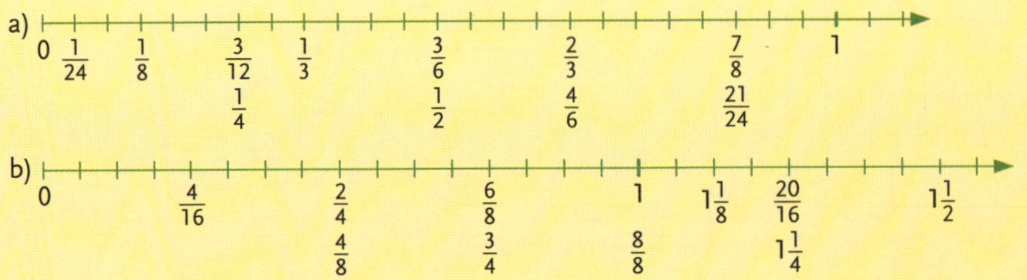

3

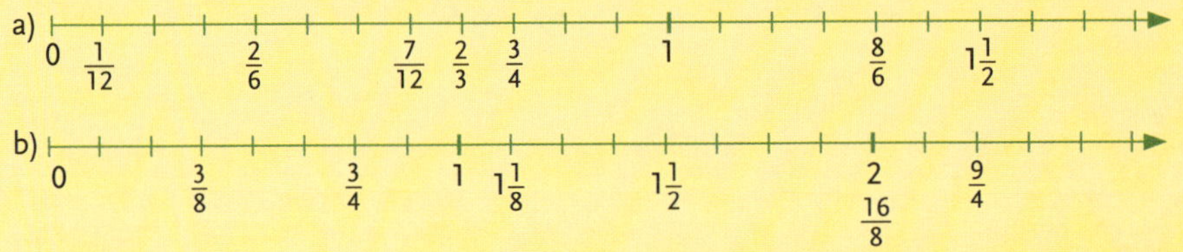

Seite 10

1
a) $\frac{7}{8} = \frac{4 \cdot 7}{4 \cdot 8} = \frac{28}{32}$ b) $\frac{5}{9} = \frac{5 \cdot 5}{5 \cdot 9} = \frac{25}{45}$
c) $\frac{13}{24} = \frac{3 \cdot 13}{3 \cdot 24} = \frac{39}{72}$ d) $\frac{15}{19} = \frac{7 \cdot 15}{7 \cdot 19} = \frac{105}{133}$

2
a) $\frac{3}{5} = \frac{12}{20}$ b) $\frac{6}{7} = \frac{18}{21}$ c) $\frac{8}{9} = \frac{48}{54}$
d) $\frac{2}{3} = \frac{26}{39}$ e) $\frac{5}{7} = \frac{25}{35}$ f) $\frac{3}{4} = \frac{24}{32}$
g) $\frac{5}{12} = \frac{30}{72}$ h) $\frac{13}{15} = \frac{91}{105}$
i) $\frac{21}{26} = \frac{84}{104}$ j) $\frac{27}{32} = \frac{135}{160}$

3
a) $\frac{2}{3} = \frac{40}{60}$ b) $\frac{7}{12} = \frac{35}{60}$ c) $\frac{7}{4} = \frac{105}{60}$
d) $\frac{9}{15} = \frac{36}{60}$ e) $\frac{4}{5} = \frac{48}{60}$ f) $\frac{19}{30} = \frac{38}{60}$
g) $\frac{1}{3} = \frac{20}{60}$ h) $\frac{11}{15} = \frac{44}{60}$

4
a) $\frac{7}{14} = \frac{56}{112}$ b) $\frac{1}{2} = \frac{56}{112}$
c) $\frac{3}{7} = \frac{48}{112}$ d) $\frac{8}{28} = \frac{32}{112}$

Seite 11

5
a) $\frac{18}{27} = \frac{18:9}{27:9} = \frac{2}{3}$ b) $\frac{7}{49} = \frac{7:7}{49:7} = \frac{1}{7}$
c) $\frac{110}{120} = \frac{110:10}{120:10} = \frac{11}{12}$ d) $\frac{84}{120} = \frac{84:12}{120:12} = \frac{7}{10}$

6
a) $\frac{18}{45} = \frac{2}{5}$ b) $\frac{32}{44} = \frac{8}{11}$ c) $\frac{48}{60} = \frac{4}{5}$
d) $\frac{20}{30} = \frac{2}{3}$ e) $\frac{25}{50} = \frac{1}{2}$ f) $\frac{56}{72} = \frac{7}{9}$
g) $\frac{126}{182} = \frac{9}{13}$ h) $\frac{85}{153} = \frac{5}{9}$

7
a) $\frac{8}{24} = \frac{1}{3}$ b) $\frac{45}{60} = \frac{3}{4}$
c) $\frac{40}{160} = \frac{1}{4}$ d) $\frac{27}{33} = \frac{9}{11}$
e) $\frac{55}{132} = \frac{5}{12}$ f) $\frac{208}{234} = \frac{8}{9}$
g) $\frac{162}{171} = \frac{18}{19}$ h) $\frac{57}{95} = \frac{3}{5}$

Seite 12

1
a) $\frac{2}{4} < \frac{3}{4}$ b) $\frac{7}{9} > \frac{4}{9}$ c) $6\frac{5}{7} > 6\frac{4}{7}$
d) $5\frac{5}{11} > 5\frac{3}{11}$ e) $3\frac{1}{4} < \frac{15}{4}$ f) $\frac{11}{3} > 3\frac{1}{3}$

2
a) $\frac{3}{9} < \frac{7}{9} < \frac{9}{9} < 1\frac{2}{9} < \frac{13}{9}$
b) $\frac{3}{11} < \frac{8}{11} < \frac{14}{11} < 1\frac{5}{11}$

3
a) $\frac{12}{33} < \frac{12}{25} < \frac{12}{17} < \frac{12}{15} < \frac{12}{13}$
b) $\frac{7}{11} < \frac{7}{10} < \frac{7}{8} < \frac{7}{7} < \frac{7}{3}$

Lösungen

Seite 13

4 a) kgV (5; 3) = 15 $\quad \frac{9}{15} < \frac{10}{15} \Rightarrow \frac{3}{5} < \frac{2}{3}$

b) kgV (8; 12) = 24 $\quad \frac{15}{24} > \frac{14}{24} \Rightarrow \frac{5}{8} > \frac{7}{12}$

c) kgV (3; 7) = 21 $\quad \frac{14}{21} > \frac{9}{21} \Rightarrow \frac{2}{3} > \frac{3}{7}$

5 $\frac{1}{4} = \frac{25}{100}$; $\frac{3}{10} = \frac{30}{100}$; $\frac{2}{5} = \frac{40}{100}$;

$\frac{19}{50} = \frac{38}{100}$; $\frac{7}{20} = \frac{35}{100}$

$\frac{1}{4} < \frac{3}{10} < \frac{7}{20} < \frac{19}{50} < \frac{2}{5}$

6 $\frac{13}{5} = \frac{78}{30}$; $\frac{15}{6} = \frac{75}{30}$; $\frac{33}{15} = \frac{66}{30}$;

$\frac{7}{2} = \frac{105}{30}$; $\frac{7}{2} > \frac{13}{5} > \frac{15}{6} > \frac{33}{15}$

Seite 14

1 a) $\frac{5}{7}$ von 70 m = 50 m

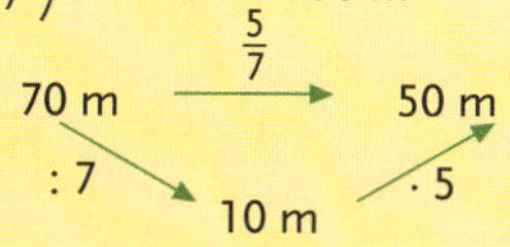

b) $\frac{3}{12}$ von 60 min = 15 min

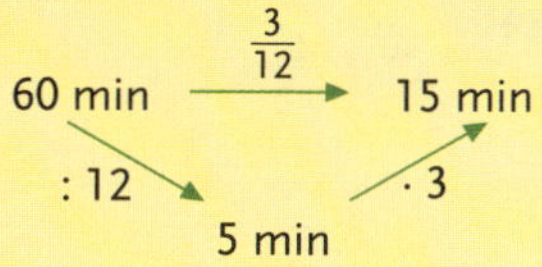

2 a) $\frac{1}{2}$ von 14 kg = 7 kg

b) $\frac{3}{5}$ von 450 € = 270 €

c) $\frac{2}{3}$ von 27 m = 18 m

d) $\frac{2}{5}$ von 25 kg = 10 kg

e) $\frac{4}{7}$ von 35 € = 20 €

f) $\frac{7}{10}$ von 120 m = 84 m

3 Katja: (12 cm · 3) : 4 = 36 cm : 4 = 9 cm
Sonja: (12 cm : 4) · 3 = 3 cm · 3 = 9 cm
Beide haben richtig gerechnet.

Seite 15

4 a) $\frac{3}{8}$ von 4 km = $\frac{3}{8}$ von 4 000 m = 1 500 m

b) $\frac{1}{5}$ von 9 cm = $\frac{1}{5}$ von 90 mm = 18 mm

c) $\frac{2}{3}$ von 1 Jahr = $\frac{2}{3}$ von 12 Monaten = 8 Monate

5 a) $\frac{3}{4}$ m = 75 cm $\quad$ b) $\frac{3}{4}$ km = 750 m

c) $\frac{3}{4}$ h = 45 min $\quad$ d) $\frac{2}{5}$ m = 40 cm

e) $\frac{3}{10}$ ha = 30 a $\quad$ f) $\frac{46}{50}$ kg = 920 g

g) $\frac{17}{20}$ km = 850 m $\quad$ h) $\frac{12}{25}$ g = 480 mg

6 a) 12 m von 18 m = $\frac{12}{18} = \frac{2}{3}$

b) 25 g von 175 g = $\frac{25}{175} = \frac{1}{7}$

c) 6 Schüler von 36 Schülern = $\frac{6}{36} = \frac{1}{6}$

d) 3 Monate von 1 Jahr = $\frac{3}{12} = \frac{1}{4}$

7 a) 20 cm = $\frac{1}{5}$ m $\quad$ b) 800 m = $\frac{4}{5}$ km

c) 140 cm = $1\frac{2}{5}$ m $\quad$ d) 110 min = $1\frac{5}{6}$ h

e) 20 m^2 = $\frac{1}{5}$ a $\quad$ f) 250 g = $\frac{1}{4}$ kg

Seite 16

1 $\frac{7}{8} = \frac{91}{104}$ $\quad$ $\frac{1}{7} = \frac{30}{210}$

$\frac{29}{11} = \frac{58}{22}$ $\quad$ $\frac{2}{3} = \frac{12}{18}$

2 a) $\frac{90}{210} = \frac{3}{7}$ $\quad$ b) $\frac{49}{77} = \frac{7}{11}$

c) $\frac{160}{224} = \frac{5}{7}$ $\quad$ d) $5\frac{66}{110} = 5\frac{3}{5}$

e) $2\frac{25}{40} = 2\frac{5}{8}$ $\quad$ f) $7\frac{81}{135} = 7\frac{3}{5}$

3 a) $\frac{9}{12} = \frac{3}{4}$ $\quad$ b) $2\frac{3}{8} < \frac{20}{8}$ $\quad$ c) $1\frac{6}{7} = \frac{26}{14}$

d) $\frac{14}{20} < \frac{9}{10}$ $\quad$ e) $1\frac{3}{4} < 1\frac{4}{5}$ $\quad$ f) $1\frac{7}{9} > \frac{24}{18}$

4 $1\frac{5}{6} = 1\frac{20}{24}$; $1\frac{3}{12} = 1\frac{6}{24}$; $1\frac{3}{4} = 1\frac{18}{24}$;

$1\frac{2}{3} = 1\frac{16}{24}$; $1\frac{3}{12} < 1\frac{13}{24} < 1\frac{2}{3} < 1\frac{3}{4} < 1\frac{5}{6}$

Lösungen

Seite 17

5 a) $\frac{16}{4} = 4$ b) $\frac{120}{15} = 8$ c) $\frac{150}{25} = 6$

6 a) $\frac{7}{8} = \frac{28}{32}$ b) $\frac{56}{88} = \frac{7}{11}$
c) $3\frac{7}{16} = 3\frac{35}{80}$ d) $\frac{60}{144} = \frac{5}{12}$
e) $\frac{195}{52} = \frac{15}{4}$

7 a) $\frac{93}{5} = 18\frac{3}{5}$ b) $\frac{312}{16} = 19\frac{1}{2}$
c) $\frac{123}{8} = 15\frac{3}{8}$

8 a) $4\frac{5}{12} = \frac{53}{12}$ b) $11\frac{4}{5} = \frac{59}{5}$
c) $7\frac{3}{14} = \frac{101}{14}$ d) $1\frac{23}{24} = \frac{47}{24}$
e) $9\frac{6}{7} = \frac{69}{7}$ f) $10\frac{3}{44} = \frac{443}{44}$
g) $15\frac{8}{9} = \frac{143}{9}$ h) $23\frac{3}{5} = \frac{118}{5}$

9 a) $\frac{4}{10}$ € von 50 € = 20 €
b) $\frac{7}{12}$ von 84 min = 49 min
c) $\frac{2}{3}$ von 45 cm^2 = 30 cm^2
d) $\frac{5}{8}$ von 2 l = 1 250 ml

10 a) $\frac{5}{2}$ m = $2\frac{1}{2}$ m = 25 dm
b) $\frac{28}{10}$ a = $2\frac{8}{10}$ a = 280 m^2
c) $\frac{95}{20}$ l = $4\frac{15}{20}$ l = 4 750 cm^3
d) $\frac{44}{8}$ kg = $5\frac{1}{2}$ kg = 5 500 g

Seite 18

1 a) $\frac{2}{9} + \frac{5}{9} = \frac{7}{9}$ b) $\frac{3}{12} + \frac{5}{12} = \frac{8}{12} = \frac{2}{3}$

2 a) $\frac{4}{7} + \frac{5}{7} = \frac{9}{7} = 1\frac{2}{7}$
b) $\frac{3}{4} - \frac{1}{4} = \frac{2}{4} = \frac{1}{2}$
c) $\frac{8}{9} - \frac{5}{9} = \frac{3}{9} = \frac{1}{3}$
d) $\frac{13}{12} + \frac{7}{12} = \frac{20}{12} = 1\frac{2}{3}$
e) $\frac{13}{24} + \frac{9}{24} = \frac{22}{24} = \frac{11}{12}$
f) $\frac{13}{24} - \frac{9}{24} = \frac{4}{24} = \frac{1}{6}$
g) $\frac{72}{20} - \frac{38}{20} = \frac{34}{20} = 1\frac{7}{10}$
h) $\frac{24}{25} + \frac{36}{25} = \frac{60}{25} = 2\frac{2}{5}$

3 a) $\frac{1}{8}$ kg + $\frac{3}{8}$ kg + $\frac{4}{8}$ kg = 1 kg
b) $\frac{3}{4}$ kg + $\frac{3}{4}$ kg = $1\frac{1}{2}$ kg

Seite 19

4 a) $\frac{5}{6} + \frac{4}{9} = \frac{15}{18} + \frac{8}{18} = \frac{23}{18} = 1\frac{5}{18}$
b) $\frac{1}{2} + \frac{2}{3} = \frac{3}{6} + \frac{4}{6} = \frac{7}{6} = 1\frac{1}{6}$
c) $\frac{2}{3} + \frac{9}{10} = \frac{20}{30} + \frac{27}{30} = \frac{47}{30} = 1\frac{17}{30}$
d) $\frac{2}{5} + \frac{2}{3} = \frac{6}{15} + \frac{10}{15} = \frac{16}{15} = 1\frac{1}{15}$
e) $\frac{9}{10} - \frac{15}{100} = \frac{90}{100} - \frac{15}{100} = \frac{75}{100} = \frac{3}{4}$
f) $\frac{4}{9} - \frac{5}{12} = \frac{16}{36} - \frac{15}{36} = \frac{1}{36}$
g) $\frac{24}{25} - \frac{3}{5} = \frac{24}{25} - \frac{15}{25} = \frac{9}{25}$
h) $\frac{7}{6} - \frac{4}{15} = \frac{35}{30} - \frac{8}{30} = \frac{27}{30} = \frac{9}{10}$

5 Rechnung:
$\frac{1}{3} + \frac{7}{8} + \frac{5}{12} = \frac{8}{24} + \frac{21}{24} + \frac{10}{24} = \frac{39}{24} = 1\frac{15}{24} = 1\frac{5}{8}$
Antwort: Stefan isst insgesamt $1\frac{5}{8}$ Pizza.

6★ a) $\frac{3}{4} + \frac{7}{8} = \frac{13}{8}$ b) $\frac{3}{2} - \frac{1}{3} = \frac{7}{6}$
c) $\frac{8}{5} + \frac{2}{3} = \frac{34}{15}$ d) $\frac{11}{5} + \frac{3}{6} = \frac{27}{10}$
e) $\frac{12}{5} - \frac{9}{4} = \frac{3}{20}$ f) $4 - 3\frac{4}{5} = \frac{1}{5}$

Seite 20

1 a) $1\frac{5}{6} + 4\frac{2}{3} = 5 + \frac{5}{6} + \frac{4}{6} = 5 + \frac{9}{6} = 6\frac{1}{2}$

b) $7\frac{3}{4} + 2\frac{3}{10} = 10\frac{1}{20}$

c) $5\frac{9}{20} + 6\frac{5}{8} = 12\frac{3}{40}$

d) $10\frac{1}{6} + 8\frac{3}{4} = 18\frac{11}{12}$

e) $4\frac{1}{4} + 2\frac{5}{6} = 7\frac{1}{12}$

f) $2\frac{7}{9} + 5\frac{2}{3} = 8\frac{4}{9}$

2 $2\frac{1}{4}$ m + $4\frac{4}{5}$ m + $1\frac{3}{10}$ m = $8\frac{7}{20}$ m

3 $11\frac{1}{4} + 9\frac{1}{2} + 13\frac{2}{3} = 34\frac{5}{12}$

Antwort: Die Geschwister sind zusammen $34\frac{5}{12}$ Jahre alt.

4 a) $2\frac{5}{9} + 5\frac{1}{4} + 1\frac{5}{6} = 9\frac{23}{36}$

b) $5\frac{3}{5} + 2\frac{7}{10} + 3\frac{3}{4} = 12\frac{1}{20}$

c) $3\frac{8}{15} + 4\frac{4}{5} + 2\frac{7}{10} = 11\frac{1}{30}$

d) $4\frac{5}{8} + 3\frac{5}{6} + 2\frac{7}{12} = 11\frac{1}{24}$

Seite 21

5 a) $5\frac{4}{5} - 3\frac{1}{5} = 2\frac{3}{5}$ b) $6\frac{4}{5} - 2\frac{3}{4} = 4\frac{1}{20}$

c) $9 - 3\frac{3}{7} = 5\frac{4}{7}$ d) $11 - 6\frac{5}{13} = 4\frac{8}{13}$

e) $6\frac{4}{9} - 3\frac{7}{9} = 2\frac{2}{3}$

f) $8\frac{10}{17} - 6\frac{16}{17} = 1\frac{11}{17}$

g) $8\frac{5}{8} - 5 = 3\frac{5}{8}$

h) $8\frac{1}{4} - 3\frac{5}{6} = 4\frac{5}{12}$

i) $7 - 3\frac{1}{2} - 2\frac{2}{3} = \frac{5}{6}$

6★ a) 2 kg – $\frac{2}{5}$ kg = $1\frac{3}{5}$ kg

b) $1\frac{3}{4}$ kg – 250 g = $1\frac{1}{2}$ kg

c) $1\frac{3}{8}$ km – 375 m = 1 km

d) $1\frac{1}{5}$ m – 40 cm = $\frac{4}{5}$ m

7★ a) $\frac{1}{8} + 2\frac{3}{4} = 2\frac{7}{8}$ b) $4\frac{2}{3} + 5\frac{1}{5} = 9\frac{13}{15}$

c) $4\frac{3}{5} + 2\frac{3}{4} = 7\frac{7}{20}$ d) $1\frac{5}{9} - 1\frac{1}{3} = \frac{2}{9}$

Seite 22

1 a) $\frac{3}{4} \cdot 5 = \frac{3 \cdot 5}{4} = \frac{15}{4} = 3\frac{3}{4}$ b) $\frac{1}{8} \cdot 3 = \frac{3}{8}$

c) $\frac{5}{9} \cdot 4 = 2\frac{2}{9}$ d) $\frac{11}{10} \cdot 5 = 5\frac{1}{2}$

e) $\frac{7}{20} \cdot 3 = 1\frac{1}{20}$ f) $\frac{13}{100} \cdot 25 = 3\frac{1}{4}$

g) $5 \cdot \frac{9}{10} = 4\frac{1}{2}$ h) $3\frac{3}{4} \cdot 4 = 15$

2 a) $1\frac{2}{3} \cdot 2 = \frac{5}{3} \cdot 2 = \frac{10}{3} = 3\frac{1}{3}$

b) $\frac{5}{8} \cdot 3 = \frac{15}{8} = 1\frac{7}{8}$ c) $\frac{9}{5} \cdot 6 = \frac{54}{5} = 10\frac{4}{5}$

3 Rechnung: $\frac{3 \cdot 13}{4} = \frac{39}{4} = 9\frac{3}{4}$

Antwort: In 13 Flaschen sind $9\frac{3}{4}$ l Saft.

Seite 23

4 a) $\frac{2}{5} : 10 = \frac{2}{5 \cdot 10} = \frac{2}{50} = \frac{1}{25}$

b) $\frac{8}{9} : 4 = \frac{2}{9}$ c) $\frac{4}{5} : 4 = \frac{1}{5}$ d) $\frac{3}{8} : 6 = \frac{1}{16}$

5 a) $\frac{7}{11} : 14 = \frac{7}{11 \cdot 14} = \frac{1}{11 \cdot 2} = \frac{1}{22}$

b) $\frac{21}{2} : 7 = 1\frac{1}{2}$

c) $\frac{24}{25} : 36 = \frac{2}{75}$

d) $\frac{16}{5} : 48 = \frac{1}{15}$

6★ Rechnung:

$1\frac{3}{4}$ l : 2 = $\frac{7}{4}$ l : 2 = $\frac{7}{8}$ l = 875 ml

Antwort: Jedes Kind erhält 875 ml Mineralwasser. ($\frac{1}{8}$ l = 125 ml)

7★ Rechnung:

$21\frac{2}{5}$ m : 4 = $\frac{107}{5}$ m : 4 = $5\frac{7}{20}$ m

Antwort: Eine Seite der quadratischen Platte ist $5\frac{7}{20}$ m = 5 m 35 cm lang.

Lösungen

Seite 24

1 a) $\frac{1}{2} \cdot \frac{1}{2} = \frac{1}{4}$

b) $1\frac{2}{3} \cdot 2\frac{2}{5} = \frac{5}{3} \cdot \frac{12}{5} = 4$

c) $\frac{5}{7} \cdot 1\frac{3}{10} = \frac{5}{7} \cdot \frac{13}{10} = \frac{13}{14}$

d) $3\frac{3}{4} \cdot \frac{3}{5} = 2\frac{1}{4}$

e) $\frac{5 \cdot 10 \cdot 48}{12 \cdot 9 \cdot 50} = \frac{4}{9}$

2★ a) $u = 2 \cdot (\frac{3}{4}\,m + \frac{1}{2}\,m) = 2 \cdot \frac{5}{4}\,m = 2\frac{1}{2}\,m$

$A = \frac{3}{4}\,m \cdot \frac{1}{2}\,m = \frac{3}{8}\,m^2$

b) $u = 2 \cdot (\frac{5}{6}\,m + \frac{3}{5}\,m) = 2\frac{13}{15}\,m$

$A = \frac{5}{6}\,m \cdot \frac{3}{5}\,m = \frac{15}{30}\,m^2 = \frac{1}{2}\,m^2$

3 $\frac{\overset{1}{\cancel{7}} \cdot \overset{2}{\cancel{10}} \cdot \overset{1}{\cancel{2}}}{\underset{1}{\cancel{2}} \cdot \underset{1}{\cancel{7}} \cdot \underset{1}{\cancel{5}}} = 2$

Seite 25

4 a) $\frac{8}{7}$ b) $\frac{5}{1}$ c) $\frac{7}{9}$ d) $\frac{1}{3}$ e) $\frac{9}{5}$

5 a) $\frac{1}{4} : \frac{1}{4} = \frac{1 \cdot 4}{4 \cdot 1} = 1$

b) $\frac{4}{5} : \frac{2}{5} = \frac{4}{5} \cdot \frac{5}{2} = 2$

c) $\frac{7}{9} : \frac{2}{3} = 1\frac{1}{6}$

d) $\frac{44}{55} : \frac{11}{33} = 2\frac{2}{5}$

6★ $4\frac{1}{2}\,m^2 : 1\frac{4}{5}\,m = \frac{9}{2}\,m^2 : \frac{9}{5}\,m = 2\frac{1}{2}\,m$

Die Länge der anderen Seite des Tisches beträgt $2\frac{1}{2}$ m.

7 a) $2\frac{1}{5} \cdot 1\frac{2}{3} = 3\frac{2}{3}$ b) $1\frac{3}{7} \cdot 2\frac{1}{3} = 3\frac{1}{3}$

c) $2\frac{3}{7} \cdot 3\frac{1}{2} = 8\frac{1}{2}$

Seite 26

1 Rechnung:

$1\frac{3}{8}\,l + 1\frac{1}{4}\,l = 2\frac{5}{8}\,l \quad 2\frac{5}{8}\,l : 7 = \frac{3}{8}\,l$

Antwort: Jedes Mädchen bekommt $\frac{3}{8}$ l Getränk.

2 a)

:	4	$\frac{1}{2}$	5	$\frac{3}{4}$
$\frac{2}{5}$	$\frac{1}{10}$	$\frac{4}{5}$	$\frac{2}{25}$	$\frac{8}{15}$

b)

·	6	$\frac{5}{6}$	$2\frac{1}{2}$	$\frac{1}{2}$
$2\frac{2}{3}$	16	$2\frac{2}{9}$	$6\frac{2}{3}$	$1\frac{1}{3}$

3 $1\frac{1}{8} : 1\frac{1}{2} \cdot \frac{5}{6} + \frac{1}{4} \cdot 2 - 1\frac{2}{3} \cdot 12 = 1$

4★ $(1\frac{1}{3} - 1\frac{1}{4}) : (1\frac{1}{3} + 1\frac{1}{4}) = \frac{1}{12} : \frac{12}{31} = \frac{1}{31}$

5★ a) $x = 1\frac{1}{8} : \frac{9}{10} = 1\frac{1}{4}$

b) $x = \frac{14}{15} : \frac{1}{2} = \frac{28}{15} = 1\frac{13}{15}$

Seite 39

6 a) $1\frac{3}{4} + \frac{1}{3} + \frac{1}{2} = 2\frac{7}{12}$

b) $1\frac{3}{4} - \frac{1}{3} \cdot \frac{1}{2} = 1\frac{7}{12}$

c) $(1\frac{3}{4} - \frac{1}{3}) : \frac{1}{2} = 2\frac{5}{6}$

d) $1\frac{3}{4} \cdot \frac{1}{3} + \frac{1}{2} = 1\frac{1}{12}$

e) $1\frac{3}{4} : (\frac{1}{3} + \frac{1}{2}) = 2\frac{1}{10}$

7 Rechnung:

$\frac{1}{4}\,m \cdot \frac{1}{4}\,m = \frac{1}{8}\,m^2 \quad 2\frac{1}{2}\,m^2 : \frac{1}{8}\,m^2 = 20$

Antwort: Es werden 20 Spiegel benötigt.

8 a)

+	$\mathbf{\frac{1}{2}}$	$\mathbf{\frac{2}{3}}$	$\mathbf{\frac{3}{5}}$
$\mathbf{\frac{1}{2}}$	1	$1\frac{1}{6}$	$1\frac{1}{10}$
$\mathbf{\frac{4}{5}}$	$1\frac{3}{10}$	$1\frac{7}{15}$	$1\frac{2}{5}$
$\mathbf{\frac{6}{15}}$	$\frac{9}{10}$	$1\frac{1}{15}$	1

b)

–	$\mathbf{\frac{3}{5}}$	$\mathbf{\frac{2}{15}}$	$\mathbf{\frac{9}{10}}$
$\mathbf{1\frac{1}{10}}$	$\frac{1}{2}$	$\frac{29}{30}$	$\frac{1}{5}$
$\mathbf{2\frac{2}{3}}$	$2\frac{1}{15}$	$2\frac{8}{15}$	$1\frac{23}{30}$
$\mathbf{1\frac{1}{6}}$	$\frac{17}{30}$	$1\frac{1}{30}$	$\frac{4}{15}$

Seite 40

1 a) $\frac{5}{10} = 0,5$ $2\frac{9}{10} = 2,9$ $\frac{34}{10} = 3,4$

b) $\frac{13}{100} = 0,13$ $5\frac{76}{100} = 5,76$ $\frac{875}{100} = 8,75$

c) $\frac{433}{1000} = 0,433$ $6\frac{9}{1000} = 6,009$ $\frac{7608}{1000} = 7,608$

2 a) $\frac{24}{25} = \frac{96}{100} = 0,96$ b) $\frac{9}{50} = \frac{18}{100} = 0,18$

c) $\frac{5}{8} = \frac{625}{1000} = 0,625$ d) $3\frac{1}{4} = 3\frac{25}{100} = 3,25$

e) $\frac{6}{200} = \frac{3}{100} = 0,03$ f) $\frac{5}{2} = \frac{25}{10} = 2,5$

g) $\frac{3}{20} = \frac{15}{100} = 0,15$ h) $\frac{81}{900} = \frac{9}{100} = 0,09$

Seite 41

3 a) $0,7 = \frac{7}{10}$ b) $0,23 = \frac{23}{100}$

c) $0,06 = \frac{6}{100}$ d) $1,002 = \frac{1002}{1000}$

e) $12,9 = \frac{129}{10}$ f) $2,075 = \frac{2075}{1000}$

4 a) $0,5 = \frac{5}{10} = \frac{1}{2}$

b) $1,76 = 1\frac{76}{100} = 1\frac{19}{25}$

c) $0,856 = \frac{856}{1000} = \frac{107}{125}$

d) $2,05 = 2\frac{5}{100} = 2\frac{1}{20}$

e) $0,800 = \frac{800}{1000} = \frac{4}{5}$

f) $5,004 = 5\frac{4}{1000} = 5\frac{1}{250}$

g) $1,50 = 1\frac{50}{100} = 1\frac{1}{2}$

h) $0,06 = \frac{6}{100} = \frac{3}{50}$

i) $0,0125 = \frac{125}{10000} = \frac{1}{80}$

5 $3 + 0,2 + 0,09 + 0,007 + 0,0005 = 3,2975$

6

a) $\frac{1}{5} = 0,2$	b) $\frac{2}{5} = 0,4$
c) $\frac{3}{5} = 0,6$	d) $\frac{4}{5} = 0,8$
e) $\frac{1}{2} = 0,5$	f) $\frac{1}{4} = 0,25$
g) $\frac{3}{4} = 0,75$	h) $\frac{1}{8} = 0,125$
i) $\frac{3}{8} = 0,375$	j) $\frac{5}{8} = 0,625$

7

	0,050	0,05	$\frac{5}{10}$	$\frac{5}{100}$
0,50			=	
0,05	=	=		=
0,500			=	
0,5			=	

Seite 42

1 A = 0,2   B = 0,5   C = 0,9
D = 1,4   E = 1,6   F = 1,9
G = 2,1   H = 2,4

2

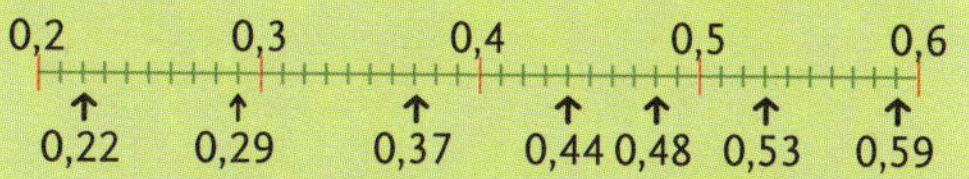

3 *Eintrag der Zahlen von links nach rechts:* 2,105; 2,115; 2,129; 2,133; 2,16; 2,178; 2,191

4 3,022; 3,024; 3,026; 3,028; 3,03; 3,032; 3,034; 3,036; 3,038; 3,04; 3,042; 3,044; 3,046; 3,048

Seite 43

5 a) 5,674 > 5,673   b) 4,02 < 4,03
c) 11,2558 > 11,2488   d) 0,03 < 0,033
e) 23,671 < 24,672   f) 0,5542 > 0,554

6 *Zum Beispiel:* 1,4 < 1,45 < 1,52 < 1,524 < 1,53 < 1,55 < 1,6 < 1,602 < 1,603

Lösungen

7 *Zum Beispiel:*
a) 2,37 < 2,38 < 2,384 < 2,385 < 2,39
b) 9,01 < 9,03 < 9,04 < 9,07 < 9,1
c) 2,562 < 2,56201 < 2,56203 < 2,56208 < 2,5621

8 a) 0,03 b) 2,4055 c) 0,1225

Seite 44

1 1,12 kg > 1,034 kg > 1,03 kg > 1,022 kg > 1,02 kg > 1,012 kg

2 a) 0,4 < 0,473 < 0,5 < 0,551 < 0,6 < 0,61 < 0,7 < 0,75

b) 1 < 1,001 < 1,01 < 1,1 < 1,11 < 1,12 < 1,121

c) 1,0009 < 1,008 < 1,0090 < 1,0800 < 1,0810 < 1,09

3 a) 0,8 > 0,5 > 0,375 > 0,25
b) 0,35 > 0,24 > 0,16 > 0,048

Seite 45

4 a) 35,52 ≈ 35,5 b) 5,37 ≈ 5,4
c) 123,886 ≈ 123,9 d) 9,048 ≈ 9,0
e) 54,99 ≈ 55,0 f) 65,009 ≈ 65,0

5 a) 0,012 ≈ 0,01 b) 0,055 ≈ 0,06
c) 0,075 ≈ 0,08 d) 13,567 ≈ 13,57
e) 87,067 ≈ 87,07 f) 123,1089 ≈ 123,11

6 a) 0,7236 ≈ 0,724 b) 99,0083 ≈ 99,008
c) 2,8889 ≈ 2,889

7 *Zum Beispiel:*
5,71; 5,72 5,73; 5,743; 5,67;
5,68; 5,66; 5,65; 5,649; 5,743

8 *Zum Beispiel:*
0,141; 0,142; 0,143; 0,144;
0,138; 0,137; 0,1432

Seite 46

1 a) $\frac{5}{8} = 5 : 8 = 0{,}625$

$$\begin{array}{r} \underline{0} \\ 50 \\ \underline{48} \\ 20 \\ \underline{16} \\ 40 \\ \underline{40} \\ 0 \end{array}$$

b) $\frac{1}{3} = 1 : 3 = 0{,}3\overline{3}\ldots = 0{,}\overline{3}$

$$\begin{array}{r} \underline{0} \\ 10 \\ \underline{9} \\ 10 \\ \underline{9} \\ 1 \end{array}$$

c) $\frac{7}{11} = 7 : 11 = 0{,}6363\ldots = 0{,}\overline{63}$

$$\begin{array}{r} \underline{0} \\ 70 \\ \underline{66} \\ 40 \\ \underline{33} \\ 70 \\ \underline{66} \\ 40 \\ \underline{33} \end{array}$$

Seite 47

2 a) $0{,}\overline{34}$ b) $6{,}8\overline{72}$ c) $17{,}\overline{745}$ d) $0{,}\overline{4621}$

3 a) 0,777… b) 2,4272727… c) 3,4545…

4 a) $\frac{5}{9} = 0{,}\overline{5}$ b) $\frac{4}{11} = 0{,}\overline{36}$ c) $\frac{1}{6} = 0{,}1\overline{6}$
d) $\frac{3}{22} = 0{,}1\overline{36}$

5 a) $0{,}\overline{5} \approx 0{,}556$ b) $0{,}\overline{3} \approx 0{,}333$
c) $7{,}\overline{25} \approx 7{,}253$ d) $4{,}\overline{68} \approx 4{,}687$
e) $6{,}\overline{490} \approx 6{,}490$ f) $0{,}6\overline{3} \approx 0{,}633$

6 a) $0{,}\overline{6} > 0{,}6$
b) $0{,}63 < 0{,}\overline{63}$
c) $2{,}\overline{25} > 2{,}25$

Seite 48

1
a) $4{,}7 = 4\frac{7}{10}$ b) $24{,}07 = 24\frac{7}{100}$
c) $8{,}03 = 8\frac{3}{100}$ d) $47{,}12 = \frac{4712}{100}$
e) $10{,}635 = \frac{10635}{1000}$ f) $11{,}076 = 11\frac{76}{1000}$
g) $0{,}0201 = \frac{201}{10000}$ h) $5{,}0329 = 5\frac{329}{10000}$

2
a) $0{,}35 = \frac{7}{20}$ b) $0{,}05 = \frac{1}{20}$
c) $1{,}55 = 1\frac{11}{20}$ d) $2{,}024 = 2\frac{3}{125}$
e) $3{,}404 = 3\frac{101}{250}$ f) $8{,}32 = 8\frac{8}{25}$
g) $7{,}005 = 7\frac{1}{200}$ h) $0{,}008 = \frac{1}{125}$

3★ a) $\frac{2}{5}$ und $\frac{2}{5}$ b) $\frac{3}{50}$ und $\frac{3}{50}$ c) $3\frac{1}{5}$ und $3\frac{1}{5}$
Regel: Dezimalzahlen verändern ihren Wert nicht, wenn Endnullen weggelassen oder hinzugefügt werden.

4
a) $\frac{12}{25} = 0{,}48$ b) $\frac{15}{16} = 0{,}9375$
c) $\frac{13}{18} = 0{,}7\overline{2}$ d) $1\frac{5}{9} = 1{,}\overline{5}$
e) $3\frac{5}{6} = 0{,}8\overline{3}$ f) $\frac{7}{27} = 0{,}\overline{259}$

Seite 49

5
A: $0{,}2 = \frac{1}{5}$ B: $0{,}8 = \frac{4}{5}$ C: $1{,}1 = 1\frac{1}{10}$
D: $1{,}5 = 1\frac{1}{2}$ E: $1{,}8 = 1\frac{4}{5}$ F: $2{,}15 = 2\frac{3}{20}$

6 $0{,}24 < \frac{1}{4} < \frac{15}{50} < 0{,}31 < \frac{3}{8} < \frac{9}{20}$

7

Runde …	auf Zehntel	auf Hundertstel	auf Tausendstel
6,8875	6,9	6,89	6,888
23,0168	23,0	23,02	23,017
0,0555	0,1	0,06	0,056
123,12345	123,1	123,12	123,123
394,0273	394,0	394,03	394,027
56,7256	56,7	56,73	56,726
5,3077	5,3	5,31	5,308

Seite 50

1
a) 12,4 + 35,7 (Übertrag 1) = 48,1
b) 9,31 + 16,89 (Übertrag 1 1 1) = 26,20
c) 0,875 + 6,756 (Übertrag 1 1 1) = 7,631

2 a) Ü: 80 + 65 = 145 b) Ü: 180 + 50 = 230
Rechnung:
a) 77,991 + 65,340 (Übertrag 11 1) = 143,331
b) 175,32 + 45,60 (Übertrag 11) = 220,92

c) Ü: 750 + 200 + 25 = 975
Rechnung:
740,10 + 233,01 + 23,90 (Übertrag 1) = 997,01

Seite 51

3
a) 18,5 − 7,4 = 11,1
b) 34,76 − 9,84 (Übertrag 11) = 24,92
c) 13,651 − 7,382 (Übertrag 1 11) = 6,269

4

Überschlag:	Rechenergebnis:
a) 75 − 35 = 40	41,047
b) 11 − 4 = 7	7,127
c) 0,7 − 0,1 = 0,6	0,6468

5★
a) 3,75 + 2,40 = 6,15
b) 78,8 + 4,25 + 3,50 = 86,55
c) 8,16 − 6,66 = 1,50
d) 7,5 − 2,34 = 5,16

Seite 52

1

a)	b)	c)	d)
3,1	2,5	786,5	340
3 450	234,6	4 023	5 027
0,5	900,2	1,2	0,08

Lösungen

2 a) $8{,}45 \cdot 10 = 84{,}5$
b) $0{,}745 \cdot 1\,000 = 745$
c) $7{,}63 \cdot 10 = 76{,}3$
d) $12{,}4 \cdot 100 = 1\,240$
e) $0{,}002 \cdot 100 = 0{,}2$
f) $1\,000 \cdot 0{,}023 = 23$
g) $23{,}0 \cdot 100 = 2\,300$
h) $12{,}01 \cdot 1\,000 = 12\,010$

Seite 53

3 a) 8,76 b) 1,289 c) 1,3452 d) 2,3
0,04 34,674 0,38723 0,02
4,5 0,1256 0,0206 0,054

4 a) $98{,}03 : 10 = 9{,}803$ b) $1{,}4 : 10 = 0{,}14$
c) $34 : 100 = 0{,}34$
d) $0{,}06 : 100 = 0{,}0006$
e) $22{,}3 : 100 = 0{,}223$
f) $235{,}7 : 1\,000 = 0{,}2357$

5 a) $0{,}7 \cdot 10 = 7$ b) $1{,}3 : 100 = 0{,}013$
c) $56{,}3 : 100 = 0{,}563$
d) $65{,}01 \cdot 100 = 6\,501$

Seite 54

1 Käse: 0,340 kg Äpfel: 1,050 kg
Kartoffeln: 2,250 kg Schinken: 0,033 kg

2 a) 0,23 m² b) 0,03 m² c) 7,02 m²

3 a)

€	10 ct	1 ct	
2,	0	6	2,06 €
0,	0	7	0,07 €
13,	3	0	13,30 €

b)

km	100 m	10 m	1 m	
0,	8	4	0	0,84 km
4,	5	6	7	4,567 km
0,	0	3	4	0,034 km

Seite 55

4 a) 0,50 m b) 0,200 km c) 0,250 kg
d) 0,5 cm e) 8,56 m f) 0,056 l
g) 0,23 m² h) 1,23 a i) 1,2 cm

5 a) 340 cm b) 3 450 mg c) 120 cm²
d) 2 330 m e) 124 mm f) 1 750 cm³

6 a) 564,5 cm > 4,56 m
b) 5 kg 98 g < 5,98 kg
c) 0,67 l = 670 cm³

7 a) 19 mm b) 3 060 m
c) 2 001 cm d) 300 mg
e) 70 g f) 43 ct

8 a) 0,25 m b) 0,5 km c) 0,01 m
d) 0,375 kg e) 0,625 g f) 0,750 t
g) 2,50 € h) 0,05 € i) 3,01 €
j) 0,02 m² k) 0,15 dm² l) 0,3 a

Seite 56

1 a) $5{,}04 \cdot 2{,}3 = 11{,}592$
$0{,}03 \cdot 0{,}2 = 0{,}006$
$0{,}7 \cdot 76{,}1 = 53{,}27$
b) $23{,}7 \cdot 6{,}50 = 154{,}05$
$2{,}37 \cdot 6{,}5 = 15{,}405$
$23{,}7 \cdot 65 = 1\,540{,}5$
c) $6{,}023 \cdot 4{,}7 = 28{,}3081$
$6{,}023 \cdot 4{,}7 = 28{,}3081$
$602{,}3 \cdot 4{,}7 = 2830{,}81$

2 a) 0,12 b) 0,075 c) 6
d) 1 e) 0,169 f) 0,002
g) 10,5 h) 0,07

3

a)	0,	7	2	·	2	3	
			1	4	4		
				2	1	6	
			1	6,	5	6	
b)	1,	3	7	5	·	4	3
			5	5	0	0	
				4	1	2	5
			5	9,	1	2	5
c)	8	7	·	1,	6	5	
			8	7			
			5	2	2		
				4	3	5	
		1	4	3,	5	5	

Seite 57

4 Überschlag: | Rechenergebnis:
a) $13 \cdot 4 = 52$ | 53,04
b) $1 \cdot 7 = 7$ | 6,3376
c) $12\,000 \cdot 0{,}5 = 6\,000$ | 6 180,48
d) $2 \cdot 40 = 80$ | 88,5954
e) $400 \cdot 1 = 400$ | 391,9826

5 a) $\frac{1}{25}$ b) $\frac{1}{10}$ c) $3\frac{8}{9}$ d) $7\frac{5}{13}$ e) $\frac{6}{25}$ f) 1

Seite 58

1 a) 0,02 b) 0,9 c) 0,002
d) 1,07 e) 0,6 f) 0,15
g) 0,3 h) 1,1 i) 6,44

2 a) 28,272 : 8 = 3,534
24
42
40
27
24
32
32
0

b) 12,645 : 15 = 0,843
0
126
120
64
60
45
45
0

c) 1,507 : 11 = 0,137
0
15
11
40
33
77
77
0

Seite 59

3 a) 6,648 : 5 = 1,3296 ≈ 1,33
b) 2,61 : 18 = 0,145 ≈ 0,15
c) 0,38 : 20 = 0,019 ≈ 0,02

4 a) 0,23 m : 5 = 0,046 m = 4,6 cm
b) 4,35 cm : 5 = 0,87 cm = 8,7 mm
c) 6,88 km : 16 = 0,43 km = 430 m
d) 9,49 dm : 13 = 0,73 dm = 7,3 cm
e) 27,55 cm^2 : 19 = 1,45 cm^2 = 145 mm^2

Seite 60

1 a) 35 : 28 b) 240 : 6
c) 20,8 : 16 d) 3 670 : 123

2 a)

:	1,2	0,4	0,06
36	30	90	600
3,6	3	9	60
0,36	0,3	0,9	6

b)

:	0,3	1,5	0,05
4,5	15	3	90
0,9	3	0,6	18
12	40	8	240

3 a) 9 : 0,01 = 900 b) 12,32 : 0,4 = 30,8
c) 0,84 : 0,14 = 6

Seite 61

4 a) 8,61 : 0,7 = 12,3
Probe: $12{,}3 \cdot 0{,}7 = 8{,}61$
b) 91,56 : 2,8 = 32,7
Probe: $32{,}7 \cdot 2{,}8 = 91{,}56$

5 Überschlag: $1 \cdot 0{,}3 : 0{,}03 = 10$
Rechnung:
$1{,}2 \cdot 0{,}33$
00
36
36
0,396
0,396 : 0,03 = 39,6 : 3 = 13,2

6

1,734 : 5,78	Überschlag: 2 : 6 = 0,3
14,82 : 7,8	Überschlag: 14 : 7 = 2
4,23 : 8,46	Überschlag: 4 : 8 = 0,5
119,082 : 5,34	Überschlag: 100 : 5 = 20
49,849 : 7,9	Überschlag: 48 : 6 = 6

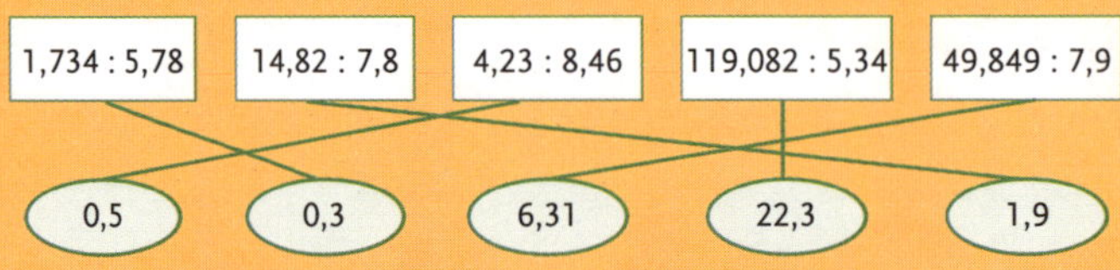

Seite 62

1★ a) $(85{,}3 - 27{,}35) + 23{,}4 \cdot 8{,}5 =$
$57{,}95 + 198{,}9 = 256{,}85$

b) $\frac{3}{4} + \frac{5}{6} - \frac{7}{15} : \frac{4}{5} = \frac{3}{4} + \frac{5}{6} - \frac{7}{12} =$
$\frac{9}{12} + \frac{10}{12} - \frac{7}{12} = \frac{12}{12} = 1$

2★ $u = 2 \cdot (26{,}4\text{ m} + 30{,}3\text{ m}) = 113{,}4\text{ m}$
$A = 30{,}3\text{ m} \cdot 26{,}4\text{ m} = 799{,}92\text{ m}^2$

3★ $a = 56{,}7\text{ m}^2 : 2{,}85\text{ m} \approx 19{,}89\text{ m}$

4★ a) $23{,}98\text{ m} + 12{,}7\text{ dm} - 15{,}98\text{ m} =$
$23{,}98\text{ m} + 1{,}27\text{ m} - 15{,}98\text{ m} = 9{,}27\text{ m}$

b) $3\text{ mm} + 0{,}1\text{ cm} + 0{,}05\text{ m} =$
$3\text{ mm} + 1\text{ mm} + 50\text{ mm} =$
$54\text{ mm} = 5{,}4\text{ cm}$

Seite 63

5★ Rechnung: $3{,}5\text{ m} \cdot 2{,}2\text{ m} = 7{,}7\text{ m}^2$
$7{,}7\text{ m}^2 : 3 \approx 2{,}57\text{ m}^2$
Antwort: Jedes Kaninchen hat rund $2{,}57\text{ m}^2$ Platz.

6★ a) $8{,}7 + 9{,}8 \cdot 3{,}4 - 5{,}04 =$
$8{,}7 + 33{,}32 - 5{,}04 = 36{,}98$

b) $(3\frac{2}{3} - 1\frac{5}{8}) \cdot \frac{72}{98} = \frac{49 \cdot 72}{24 \cdot 98} = \frac{1 \cdot 6}{2 \cdot 2} = \frac{6}{4} = 1\frac{1}{2}$

c) $(3{,}4 + 5{,}7) \cdot (7{,}2 - 4{,}7) =$
$9{,}1 \cdot 2{,}5 = 22{,}75$

d) $(12{,}16 - 4{,}61) : 0{,}5 = 7{,}55 : 0{,}5 = 15{,}1$

e) $(3 + 0{,}7 \cdot 0{,}2) + \frac{1}{2} \cdot 2\frac{4}{5} =$
$3 + 0{,}14 + 1{,}4 = 4{,}54$

7★ Rechnung: $\frac{1}{4}$ von 920 = 230

$\frac{3}{5}$ von 920 = 552

$920 - 230 - 552 = 138$

Antwort: Dirk hat 230 Stimmen, Memet hat 552 Stimmen und Claudia hat 138 Stimmen bekommen.

6 **Setze für die Buchstaben die entsprechenden Brüche ein und berechne.**

Beachte die Rechenregeln: Klammer zuerst und Punkt vor Strich.

$a = 1\frac{3}{4}$ $b = \frac{1}{3}$ $c = \frac{1}{2}$

a) $a + b + c$ = ______________________

b) $a - b \cdot c$ = ______________________

c) $(a - b) : c$ = ______________________

d) $a \cdot b + c$ = ______________________

e) $a : (b + c)$ = ______________________ 5

7 **Eine Fläche von $2\frac{1}{2}$ m² kann vollständig mit kleinen quadratischen Spiegeln mit der Seitenlänge $\frac{1}{4}$ m ausgelegt werden. Wie viele Spiegel werden benötigt?**

Rechnung: ______________________

Antwort: ______________________ 3

8 **Fülle die Tabellen aus.**

a)

+	$\frac{1}{2}$	$\frac{2}{3}$	$\frac{3}{5}$
$\frac{1}{2}$			
$\frac{4}{5}$			
$\frac{6}{15}$			

b)

−	$\frac{3}{5}$	$\frac{2}{15}$	$\frac{9}{10}$
$1\frac{1}{10}$			
$2\frac{2}{3}$			
$1\frac{1}{6}$			

6

38–30 Punkte 29–20 Punkte 19–0 Punkte Gesamtpunktzahl

Bruch und Dezimalzahl

Zahlen mit einem Komma werden Dezimalzahlen genannt. Nach dem Komma stehen Zehntel (z), Hundertstel (h), Tausendstel (t), Zehntausendstel (zt) ...

E	,	z	h	t	zt	
2	,	3				$2{,}3 = 2\frac{3}{10} = \frac{23}{10}$
0	,	5	6			$0{,}56 = \frac{56}{100}$
4	,	0	4	6		$4{,}046 = 4\frac{46}{1000} = \frac{4046}{1000}$
6	,	7	1	2	3	$6{,}7123 = 6\frac{7123}{10000} = \frac{67123}{10000}$

Die Dezimalschreibweise ist eine Schreibweise für Brüche mit einer Stufenzahl (10; 100; 1 000; ...) im Nenner.

1 Schreibe als Dezimalzahl.

a) $\frac{7}{10}$ = 0,7 b) $\frac{69}{100}$ = 0,69 c) $\frac{933}{1000}$ = 0,933

$\frac{5}{10}$ = ______ $\frac{13}{100}$ = ______ $\frac{433}{1000}$ = ______

$2\frac{9}{10}$ = ______ $5\frac{76}{100}$ = ______ $6\frac{9}{1000}$ = ______

$\frac{34}{10}$ = ______ $\frac{875}{100}$ = ______ $\frac{7608}{1000}$ = ______

9

2 Forme die Brüche durch Erweitern oder Kürzen in einen Bruch mit einer Stufenzahl um und schreibe dann als Dezimalzahl.

Beispiel: $\frac{7}{20} = \frac{35}{100} = 0{,}35$

a) $\frac{24}{25}$ = ______ = ______ b) $\frac{9}{50}$ = ______ = ______

c) $\frac{5}{8}$ = ______ = ______ d) $3\frac{1}{4}$ = ______ = ______

e) $\frac{6}{200}$ = ______ = ______ f) $\frac{5}{2}$ = ______ = ______

g) $\frac{3}{20}$ = ______ = ______ h) $\frac{81}{900}$ = ______ = ______

8

3 **Schreibe als Bruch mit einer Stufenzahl als Nenner.**

a) 0,7 = ... b) 0,23 = ... c) 0,06 = ...

d) 1,002 = ... e) 12,9 = ... f) 2,075 = ... [ ] 6

4 **Wandle in einen Bruch um. Kürze und schreibe, wenn möglich, in der gemischten Schreibweise.**

Beispiel: $3{,}6 = 3\frac{6}{10} = 3\frac{3}{5}$

a) 0,5 = ... b) 1,76 = ... c) 0,856 = ...

d) 2,05 = ... e) 0,800 = ... f) 5,004 = ...

g) 1,50 = ... h) 0,06 = ... i) 0,0125 = ... [ ] 9

5 **Wandle in Dezimalzahlen um und addiere.**

a) $3 + \frac{2}{10} + \frac{9}{100} + \frac{7}{1000} + \frac{5}{10000} =$ .... [ ] 2

6 **Diese Brüche kommen häufig vor. Ergänze und lerne sie auswendig.** [ ] 10

a) $\frac{1}{5}$ = ...	b) $\frac{2}{5}$ = ...
c) $\frac{3}{5}$ = ...	d) $\frac{4}{5}$ = ...
e) $\frac{1}{2}$ = ...	f) $\frac{1}{4}$ = ...
g) $\frac{3}{4}$ = ...	h) $\frac{1}{8}$ = ...
i) $\frac{3}{8}$ = ...	j) $\frac{5}{8}$ = ...

7 **Welche Zahlen sind gleich? Trage ein = in das Feld ein.** [ ] 8

	0,050	0,05	$\frac{5}{10}$	$\frac{5}{100}$
0,50				
0,05				
0,500				
0,5				

[ ] 52–40 Punkte 39–27 Punkte 26–0 Punkte [ ] Gesamtpunktzahl

Dezimalzahlen darstellen und vergleichen

**Dezimalzahlen können am Zahlenstrahl dargestellt und verglichen werden.
Die kleinere Dezimalzahl steht immer links von der größeren.**

1 **Welche Zahlen gehören zu den markierten Punkten?**

A = ________ B = ________ C = ________ D = ________

E = ________ F = ________ G = ________ H = ________ 8

2 **Ergänze bis 0,6 und schreibe die Zahlen**
0,22; 0,29; 0,37; 0,44; 0,48; 0,53 und 0,59
mit je einem Pfeil an den Zahlenstrahl.

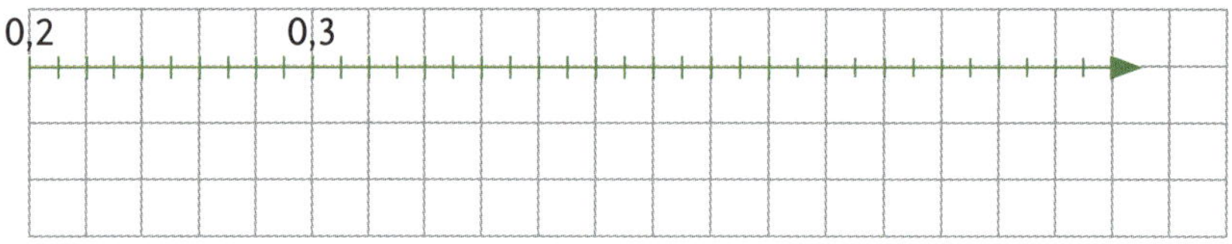

7

3 **Trage die Zahlen in die Kästchen ein.**

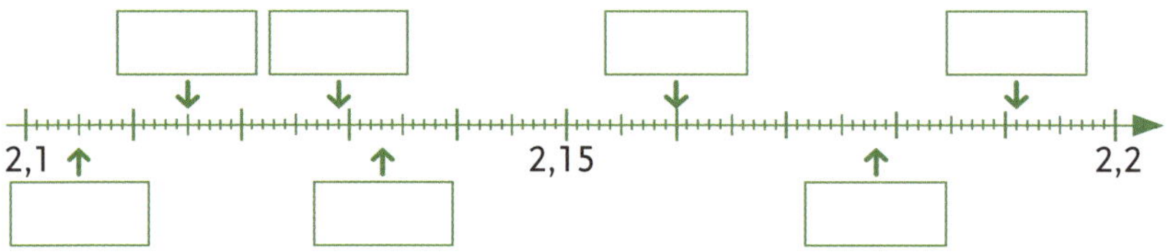

7

4 **Setze die Zahlenfolge fort.**

3,022; 3,024; 3,026; ____________________

____________________; 3,048 5

Dezimalzahlen vergleichst du, indem du ihre Ziffern von links nach rechts an der gleichen Stelle vergleichst. Die erste unterschiedliche Ziffer entscheidet über die Größe.

0,7659
0,7644 0,7659 > 0,7644

1,2386
1,3879 1,2386 < 1,3879

5 **Kleiner < oder größer >?**

a) 5,674 ☐ 5,673 b) 4,02 ☐ 4,03 c) 11,2558 ☐ 11,2488

d) 0,03 ☐ 0,033 e) 23,671 ☐ 24,672 f) 0,5542 ☐ 0,554 | 6

6 **Schreibe jeweils eine dazwischenliegende Zahl auf.**

1,4 < ______ < 1,52 < ______ < 1,53 < ______ < 1,6 < ______ < 1,603 | 4

7 **Gib drei Dezimalzahlen an, die zwischen den angegeben Zahlen liegen.**

a) 2,37 < ______ < ______ < ______ < 2,39

b) 9,01 < ______ < ______ < ______ < 9,1

c) 2,562 < ______ < ______ < ______ < 2,5621 | 9

8 **Welche Dezimalzahl liegt genau in der Mitte zwischen den beiden Zahlen?**

0,02	a)	0,04
2,405	b)	2,406
0,122	c)	0,123

| 3

☐ 49–38 Punkte 37–25 Punkte 24–0 Punkte ☐ Gesamtpunktzahl

Dezimalzahlen ordnen und runden

1 Ordne die Dezimalzahlen der Größe nach. Beginne mit der größten Zahl.

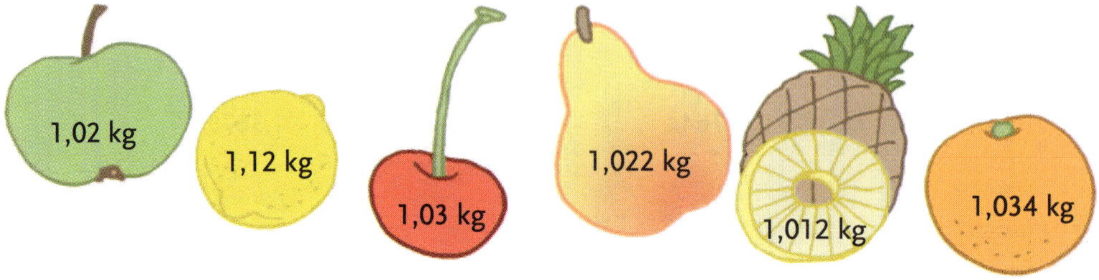

______ > ______ > ______ > ______ > ______ > ______ 6

2 Ordne nach der Größe. Beginne mit der kleinsten Zahl.

a) 0,6; 0,5; 0,551; 0,4; 0,75; 0,7; 0,61; 0,473

b) 1,11; $1\frac{1}{10}$; $1\frac{12}{100}$; 1,01; 1; 1,001; 1,121

c) 1,0800; 1,008; 1,0009; $1\frac{9}{100}$; 1,0810; 1,0090

9

3 Schreibe als Dezimalzahlen und ordne sie der Größe nach. Verwende das Zeichen >.

a) $\frac{1}{4}$; $\frac{3}{8}$; $\frac{4}{5}$; $\frac{1}{2}$

b) $\frac{7}{20}$; $\frac{4}{25}$; $\frac{12}{50}$; $\frac{6}{125}$

4

Dezimalzahlen rundest du wie natürliche Zahlen:
Folgt auf die zu rundende Stelle auf der nächsten Stelle die Ziffer 0, 1, 2, 3 oder 4, wird die Rundungsstelle nicht verändert.
Folgt auf die zu rundende Stelle als nächste Stelle die Ziffer 5, 6, 7, 8 oder 9, erhöht sich die Rundungsstelle um 1.

Rundung auf Zehntel: 12,345 ≈ 12,3 und auf Hundertstel: 12,365 ≈ 12,37

Tipp: Markiere jeweils die Rundungsstelle.

4 **Runde auf Zehntel.**

a) 35,52 ≈ ______ b) 5,37 ≈ ______ c) 123,886 ≈ ______

d) 9,048 ≈ ______ e) 54,99 ≈ ______ f) 65,009 ≈ ______   ☐ 6

5 **Runde auf Hundertstel.**

a) 0,012 ≈ ______ b) 0,055 ≈ ______ c) 0,075 ≈ ______

d) 13,567 ≈ ______ e) 87,067 ≈ ______ f) 123,1089 ≈ ______   ☐ 6

6 **Runde auf drei Nachkommastellen.**

a) 0,7236 ≈ ______ b) 99,0083 ≈ ______ c) 2,8889 ≈ ______   ☐ 3

7 **Nenne sieben Zahlen, die auf Zehntel gerundet 5,7 ergeben.**

______ ______ ______ ______ ______ ______ ______   ☐ 7

8 **Nenne fünf Zahlen, die auf Hundertstel gerundet 0,14 ergeben.**

______ ______ ______ ______ ______   ☐ 5

☐   46–36 Punkte   35–24 Punkte   23–0 Punkte   ☐ Gesamtpunktzahl

Periodische Dezimalzahlen

Jeder Bruch ist ein Quotient. Er kann deshalb durch eine Division in eine Dezimalzahl umgewandelt werden.

$\frac{15}{4}$

```
15,00 : 4 = 3,75
12
 30
 28
  20
  20
   0
```

Die Division geht auf.

Als Ergebnis erhält man eine abbrechende Dezimalzahl.

$\frac{2}{3}$

```
2,000 : 3 = 0,66 ... = 0,6̄
0
20
18
 20
 18
  2
```

Die Division geht nicht auf.

Als Ergebnis erhält man eine periodische Dezimalzahl. Die Ziffernfolge, die sich wiederholt, heißt Periode und wird mit einem Querstrich gekennzeichnet.

Tipp: Wandle gegebenenfalls den Zähler in eine Dezimalzahl um, indem du ein Komma setzt und Nullen anhängst.

1 Wandle die Brüche durch Division in eine Dezimalzahl um. 3

a) $\frac{5}{8}$

5 : 8 =

b) $\frac{1}{3}$

1 : 3 =

c) $\frac{7}{11}$

7 : 11 =

2 **Schreibe in Kurzform.**

a) 0,343434 … = ______ b) 6,872727272 … = ______

c) 17,745745745 … = ______ d) 0,46214621 … = ______ [ ] 4

3 **Schreibe ausführlicher. Wiederhole dazu die Periode einige Male.**

a) $0,\overline{7}$ = ______ b) $2,4\overline{27}$ = ______ c) $3,\overline{45}$ = ______ [ ] 3

4 **Wandle in eine periodische Dezimalzahl um.**

a) $\frac{5}{9}$ = ______ b) $\frac{4}{11}$ = ______ c) $\frac{1}{6}$ = ______ d) $\frac{3}{22}$ = ______ [ ] 8

5 **Runde die periodischen Dezimalzahlen auf drei Stellen nach dem Komma.**

a) $0,\overline{5} \approx$ ______ b) $0,\overline{3} \approx$ ______ c) $7,\overline{25} \approx$ ______

d) $4,\overline{68} \approx$ ______ e) $6,\overline{490} \approx$ ______ f) $0,6\overline{3} \approx$ ______ [ ] 6

6 **Welche der beiden Zahlen ist größer?**

a) $0,\overline{6}$ [ ] 0,6 b) 0,63 [ ] $0,\overline{63}$ c) $2,\overline{25}$ [ ] 2,25 [ ] 3

[ ] 27–21 Punkte 20–14 Punkte 13–0 Punkte [ ] Gesamtpunktzahl

Test – Vermischte Übungen

1 Wandle in die jeweils andere Bruchschreibweise um.

a) 4,7 = ______ b) ______ $= 24\frac{7}{100}$

c) 8,03 = ______ d) ______ $= \frac{4712}{100}$

e) 10,635 = ______ f) ______ $= 11\frac{76}{1000}$

g) 0,0201 = ______ h) ______ $= 5\frac{329}{10000}$

/ 8

2 Wandle in gekürzte Brüche um.

a) 0,35 = ______ b) 0,05 = ______ c) 1,55 = ______ d) 2,024 = ______

e) 3,404 = ______ f) 8,32 = ______ e) 7,005 = ______ g) 0,008 = ______

/ 8

3 Wandle die beiden Dezimalzahlen in gekürzte Brüche um. Vergleiche und formuliere eine Regel für Endnullen bei Dezimalzahlen.

a) 0,4 und 0,40 b) 0,06 und 0,060 c) 3,2 und 3,200

______ und ______ ______ und ______ ______ und ______

Regel: ______

______

______

/ 4

4 Wandle die Brüche durch Division in Dezimalzahlen um. Rechne in deinem Heft.

a) $\frac{12}{25}$ = ______ b) $\frac{15}{16}$ = ______ c) $\frac{13}{18}$ = ______

d) $1\frac{5}{9}$ = ______ e) $3\frac{5}{6}$ = ______ f) $\frac{7}{27}$ = ______

/ 6

5 **Welche Zahlen sind auf dem Zahlenstrahl markiert? Gib sie als Dezimalzahl und als Bruch, wenn möglich als gemischte Zahl an.**

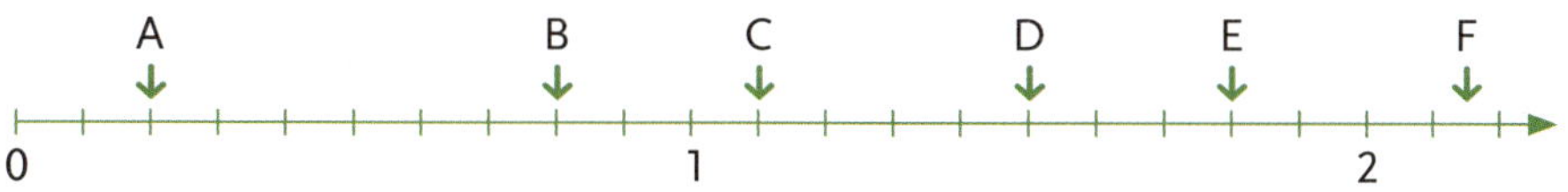

A: ________ = ________ B: ________ = ________ C: ________ = ________

D: ________ = ________ E: ________ = ________ F: ________ = ________

6

6 **Ordne der Größe nach.**

0,24 $\frac{9}{20}$ $\frac{1}{4}$ $\frac{15}{50}$ 0,31 $\frac{3}{8}$

________ < ________ < ________ < ________ < ________ < ________

3

7 **Fülle die Tabelle aus.**

Runde ...	auf Zehntel	auf Hundertstel	auf Tausendstel
6,8875			
23,0168			
0,0555			
123,12345			
394,0273			
56,7256			
5,3077			

7

42–33 Punkte 32–22 Punkte 21–0 Punkte Gesamtpunktzahl

Dezimalzahlen addieren und subtrahieren

- Schreibe Dezimalzahlen stellenrichtig untereinander: Komma unter Komma.
- Achte darauf, dass alle Zahlen gleich viele Stellen nach dem Komma haben. Hänge eventuell Nullen an.
- Addiere und subtrahiere wie bei den natürlichen Zahlen.

$$\begin{array}{rr} & 34{,}80 \\ & 2{,}67 \\ + & \underline{3{,}51} \\ & \underline{11} \\ & 40{,}98 \end{array} \qquad \begin{array}{rr} & 76{,}44 \\ - & \underline{9{,}30} \\ & \underline{11} \\ & 67{,}14 \end{array}$$

1 **Schreibe stellenrichtig untereinander und addiere.**

a) 12,4 + 35,7 b) 9,31 + 16,89 c) 0,875 + 6,756

3

2 **Berechne. Ergänze Endnullen, sodass die Zahlen in jeder Aufgabe gleich viele Stellen nach dem Komma haben. Mache zuerst eine Überschlagsrechnung (Ü).**

a) 77,991 + 65,34 b) 175,32 + 45,6 c) 740,1 + 233,01 + 23,9

Ü: ____ Ü: ____ Ü: ____

6

3 **Schreibe stellenrichtig untereinander und subtrahiere.**

a) 18,5 – 7,4 b) 34,76 – 9,84 c) 13,651 – 7,382

3

4 **Berechne. Achte darauf, dass die Zahlen in jeder Aufgabe gleich viele Stellen nach dem Komma haben. Mache zuerst eine Überschlagsrechnung (Ü).**

a) 6,8 – 35,753 b) 11 – 3,873 c) 0,705 – 0,0582

Ü: ______ ______ ______

6

5 **Verwandle Brüche in Dezimalzahlen und berechne.**

a) $3,75 + 2\frac{2}{5}$ b) $78,8 + 4\frac{1}{4} + 3\frac{1}{2}$ c) $8\frac{4}{25} - 6,66$ d) $7,5 - 2\frac{17}{50}$

8

26–21 Punkte 20–14 Punkte 13–0 Punkte Gesamtpunktzahl

Dezimalzahlen mit Zehnerpotenzen multiplizieren und dividieren

Bei der Multiplikation mit einer Zehnerpotenz (10, 100, 1 000 usw.) verschiebst du das Komma um genau so viele Stellen nach rechts, wie die Zehnerpotenz Nullen hat.

12,67 · 10 = 126,7   12,67 · 100 = 1267   12,67 · 1 000 = 12 670

Reicht die Anzahl der Ziffern nicht aus, musst du Nullen anhängen.

1 Berechne.

Beispiele: 5,78 · 10 = 57,8   73,012 · 100 = 7301,2

a) 0,31 · 10 = ______ b) 0,025 · 100 = ______

345,0 · 10 = ______ 2,346 · 100 = ______

0,05 · 10 = ______ 9,002 · 100 = ______

c) 0,7865 · 1 000 = ______ d) 3,4 · 100 = ______

4,0230 · 1 000 = ______ 5,027 · 1 000 = ______

0,0012 · 1 000 = ______ 0,008 · 10 = ______

12

2 Mit welcher Zahl wurde multipliziert?

a) 8,45 · ______ = 84,5 b) 0,745 · ______ = 745

c) ______ · 10 = 76,3 d) 12,4 · ______ = 1 240

e) ______ · 100 = 0,2 f) 1 000 · ______ = 23

g) 23,0 · ______ = 2 300 h) 12,01 · ______ = 12 010

8

Bei der Division mit einer Zehnerpotenz verschiebst du das Komma um genau so viele Stellen nach links, wie die Zehnerpotenz Nullen hat.

113,6 : 10 = 11,36 113,6 : 100 = 1,136
113,6 : 1 000 = 0,1136 113,6 : 10 000 = 0,01136

Reicht die Anzahl der Ziffern nicht aus, musst du Nullen ergänzen.

3 Berechne.

a) 87,6 : 10 = ______ b) 128,9 : 100 = ______

0,4 : 10 = ______ 3 467,4 : 100= ______

45,0 : 10 = ______ 12,56 : 100 = ______

c) 1 345,2 : 1 000 = ______ d) 23 : 10 = ______

387,23 : 1 000 = ______ 2 : 100 = ______

20,6 : 1 000 = ______ 54 : 1 000 = ______ [ ] 12

4 Mit welcher Zahl wurde dividiert?

a) 98,03 : ______ = 9,803 b) 1,4 : ______ = 0,14

c) 34 : ______ = 0,34 d) 0,06 : ______ = 0,006

e) 22,3 : ______ = 0,223 f) 235,7 : ______ = 0,2357 [ ] 6

5 Setze das richtige Rechenzeichen und die Stufenzahl ein.

a) 0,7 ______ = 7 b) 1,3 ______ = 0,013

c) 56,3 ______ = 0,563 d) 65,01 ______ = 6 501 [ ] 4

[ ] 42–33 Punkte 32–22 Punkte 21–0 Punkte [ ] Gesamtpunktzahl

Dezimalschreibweise bei Größen

Beim Umwandeln in kleinere Maßeinheiten wird die Maßzahl mit einer Stufenzahl multipliziert.

4,4 m = (4,4 · 100) cm = 440 cm

Beim Umwandeln in größere Einheiten wird entsprechend dividiert.

322 cm = (322 : 100) m = 3,22 m

1 **Gib die Gewichtsangaben in kg mit Dezimalzahlen an.**

340 g
Käse

1 kg 50 g
Äpfel

2 250 g
Kartoffeln

33 g
Schinken

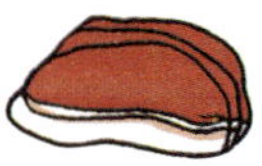

__________ __________ __________ __________ 4

2 **Gib die Größe der Flächen in der Einheit m^2 mit Dezimalzahlen an.**

a) 23 dm^2 b) 3 dm^2 c) 702 a

__________ __________ __________ 3

3 **Trage die Größen in die Stellenwerttafel ein. Schreibe sie als Dezimalzahl.**

a) 206 ct; 7 ct; 13 € 30 ct

€	10 ct	1 ct
2,	0	6

b) 840 m; 4 567 m; 34 m

km	100 m	10 m	1 m

5

4 Gib als Dezimalzahl an. Achte auf die Umwandlungszahl.

a) 50 cm = ________ m b) 200 m = ________ km c) 250 g = ________ kg

d) 5 mm = ________ cm e) 856 cm = ________ m f) 56 ml = ________ l

g) 23 dm^2 = ________ m^2 h) 123 m^2 = ________ a i) 12 mm = ________ cm [|9]

5 Wandle in die angegebene Maßeinheit um. Achte auf die Umwandlungszahl.

a) 3,4 m = ________ cm b) 3,45 g = ________ mg c) 1,2 dm^2 = ________ cm^2

d) 2,33 km = ________ m e) 12,4 cm = ________ mm f) 1,75 l = ________ cm^3 [|6]

6 Setze >, < oder = ein.

a) 564,5 cm ☐ 4,56 m b) 5 kg 98 g ☐ 5,98 kg c) 0,67 l ☐ 670 cm^3 [|3]

7 Schreibe ohne Komma.

a) 1,9 cm = ________ b) 3,06 km = ________ f) 20,01 m = ________

d) 0,3 g = ________ e) 0,07 kg = ________ f) 0,43 € = ________ [|6]

8 Gib die Größen als Dezimalzahlen an.

a) $\frac{1}{4}$ m = ________ b) $\frac{1}{2}$ km = ________ c) $\frac{1}{100}$ m = ________

d) $\frac{3}{8}$ kg = ________ e) $\frac{5}{8}$ g = ________ f) $\frac{3}{4}$ t = ________

g) $2\frac{1}{2}$ € = ________ h) $\frac{1}{20}$ € = ________ i) $3\frac{1}{100}$ € = ________

j) $\frac{1}{50}$ m^2 = ________ k) $\frac{3}{20}$ dm^2 = ________ l) $\frac{3}{10}$ a = ________ [|12]

☐ 48–37 Punkte 36–25 Punkte 24–0 Punkte ☐ Gesamtpunktzahl

Dezimalzahlen multiplizieren

- Multipliziere zunächst, ohne die Kommas zu berücksichtigen.
- Setze dann das Komma im Ergebnis. Das Ergebnis muss genauso viele Dezimalen haben wie beide Faktoren zusammen.

7,56 · 3,8	
2268	= 3 Stellen
6048	
28,728	

1 **Setze jeweils das fehlende Komma ein, sodass eine wahre Aussage entsteht.**

a)	b)	c)
5,04 · 2,3 = 1 1 5 9 2	23,7 · 6 5 0 = 154,05	6,023 · 4,7 = 2 8 3 0 8 1
0,03 · 0,2 = 0 0 0 6	2 3 7 · 6,5 = 15,405	6 0 2 3 · 4,7 = 28,3081
0,7 · 7 6 1 = 53,27	23,7 · 65 = 1 5 4 0 5	602,3 · 4 7 0 = 28 30,81

9

2 **Rechne im Kopf. Notiere das Ergebnis.**

a) 0,4 · 0,3 = ________ b) 1,5 · 0,05 = ________

c) 12,0 · 0,5 = ________ d) 2,5 · 0,4 = ________

e) 1,3 · 0,13 = ________ f) 0,01 · 0,2 = ________

g) 5 · 2,1 = ________ h) 7 · 0,01 = ________

8

3 **Rechne schriftlich.**

a) 0,72 · 23

b) 1,375 · 43

c) 87 · 1,65

3

4 **Multipliziere schriftlich. Mache zuerst eine Überschlagsrechnung.**

a) $13{,}6 \cdot 3{,}9$ b) $0{,}932 \cdot 6{,}8$ c) $12\,876 \cdot 0{,}48$

Ü: ______ ______ ______

d) $1{,}982 \cdot 44{,}7$ e) $371{,}9 \cdot 1{,}054$

Ü: ______ ______

| 5

5 **Wandle die Dezimalzahlen in Brüche um. Kürze vor dem Ausrechnen. Rechne in deinem Heft und trage die Ergebnisse hier ein.**

a) $0{,}24 \cdot \frac{1}{6} =$ ______ b) $\frac{5}{7} \cdot 0{,}14 =$ ______

c) $1\frac{5}{9} \cdot 2{,}5 =$ ______ d) $2\frac{4}{13} \cdot 3{,}2 =$ ______

e) $\frac{8}{15} \cdot 0{,}45 =$ ______ f) $\frac{5}{6} \cdot 1{,}2 =$ ______ | 6

31–24 Punkte

23–16 Punkte

15–0 Punkte

Gesamtpunktzahl

Dezimalzahlen durch eine ganze Zahl dividieren

Beim Überschreiten des Kommas beim Dividenden setzt du im Ergebnis das Komma:

Beachte: Ist der Dividend kleiner als der Divisor, beginnt das Ergebnis mit 0, …

3	2,	2	8	:	6	=	5,	3	8
3	0								
	2	2							
	1	8							
		4	8						
		4	8						
			0						

1 **Berechne im Kopf.**

a) 0,14 : 7 = ______ b) 8,1 : 9 = ______ c) 0,024 : 12 = ______

d) 6,42 : 6 = ______ e) 6,6 : 11 = ______ f) 1,2 : 8 = ______

g) 5,1 : 17 = ______ h) 27,5 : 25 = ______ i) 128,8 : 20 = ______

9

2 **Berechne die Quotienten schriftlich.**

a) 2 8, 2 7 2 : 8 =

b) 1 2, 6 4 5 : 1 5 =

c) 1, 5 0 7 : 1 1 =

6

Wenn die Stellen nach dem Komma nicht ausreichen, musst du an den Rest jeweils eine Null anhängen.

3,	6	:	5	=	0,	7	2		
0									
3	6								
3	5								
	1	0	← angehängte Null						
	1	1							
		0							

3 **Dividiere schriftlich. Runde das Ergebnis auf zwei Dezimalstellen.**

a) 6,648 : 5 =

b) 2,61 : 18 =

c) 0,38 : 20 =

[ ] 6

4 **Berechne und schreibe das Ergebnis in der nächstkleineren Einheit. Rechne in deinem Heft.**

Beispiel: 13,05 kg : 15 = 0,87 kg = 870 g

a) 0,23 m : 5 = ________ = ________

b) 4,35 cm : 5 = ________ = ________

c) 6,88 km : 16 = ________ = ________

d) 9,49 dm : 13 = ________ = ________

e) 27,55 cm^2 : 19 = ________ = ________

[ ] 5

[ ] 26–21 Punkte | 20–14 Punkte | 13–0 Punkte | [ ] Gesamtpunktzahl

Dezimalzahlen dividieren

Beim Dividieren durch eine Dezimalzahl muss der Divisor in eine natürliche Zahl umgewandelt werden.
Dazu verschiebst du das Komma bei Dividend und Divisor um so viele Stellen nach rechts, bis der Divisor eine natürliche Zahl ist:

Rechnung: 14,48 : 0,4 = 144,8 : 4 = 36,2 Probe: 36,2 · 0,4 = 14,48

1 **Schreibe die Aufgabe so, dass durch eine natürliche Zahl dividiert werden kann.**

Beispiele: 2,05 : 0,15 = 205 : 15 1,38 : 0,6 = 13,8 : 6

a) 3,5 : 2,8 = ______ b) 24 : 0,6 = ______

c) 2,08 : 1,6 = ______ d) 36,7 : 1,23 = ______

4

2 **Dividiere im Kopf. Achte auf die Kommaverschiebung.**

a)

:	1,2	0,4	0,06
36			
3,6			
0,36			

b)

:	0,3	1,5	0,05
4,5			
0,9			
12			

6

3 **Richtig gerechnet? Kontrolliere und berichtige die falschen Ergebnisse.**

a) 9 : 0,01 = 90 b) 12,32 : 0,4 = 3,8 c) 0,84 : 0,14 = 6

______ ______ ______

3

4 **Berechne und mache die Probe.**

a) 8,61 : 0,7 = Probe:

86,1 : 7 =

b) 91,56 : 2,8 = Probe:

4

5 **Dividiere das Produkt aus 1,2 und 0,33 durch 0,03. Mache vorher eine Überschlagsrechnung.**

Überschlag: ______________________________

Rechnung: ______________________________

4

6 **Suche mit einer Überschlagsrechnung das richtige Ergebnis. Verbinde Aufgabe und Ergebnis mit einem Strich.**

1,734 : 5,78	14,82 : 7,8	4,23 : 8,46	119,082 : 5,34	49,849 : 7,9
0,5	0,3	6,31	22,3	1,9

5

26–21 Punkte 20–14 Punkte 13–0 Punkte Gesamtpunktzahl

Verbindung der Rechenarten

1 Schreibe einen Rechenausdruck auf und berechne.

a) Addiere das Produkt aus 23,4 und 8,5 zur Differenz aus 85,3 und 27,35.

b) Subtrahiere den Quotienten aus $\frac{7}{15}$ und $\frac{4}{5}$ von der Summe aus $\frac{3}{4}$ und $\frac{5}{6}$.

4

2 Wie groß sind Umfang und Fläche des rechteckigen Gartens?

Achte auf gleiche Einheiten.

2,64 dm

30,3 m

u =

A =

4

3 Berechne die Länge der Seite a. Runde sinnvoll.

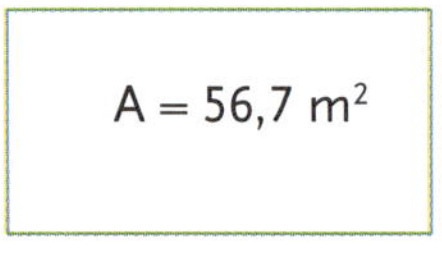

b = 2,85 m

a

a =

3

4 Rechne in deinem Heft.

a) 23,98 m + 12,7 dm – 15,98 m =

b) 3 mm + 0,1 cm + 0,05 m =

2

5 **Alex hat für seine drei Kaninchen ein Gehege im Garten eingezäunt. Es ist 3,50 m lang und 2,20 m breit. Wie viel Platz hat jedes Kaninchen? Runde.**

Rechnung: ______________________________

____

Antwort: ______________________________

______________________________ 4

6 **Berechne.**

Achte auf die Rechengesetze: Klammer zuerst, Punkt vor Strich.

a) $8{,}7 + 9{,}8 \cdot 3{,}4 - 5{,}04$ = ______________________________

b) $(3\frac{2}{3} - 1\frac{5}{8}) \cdot \frac{72}{98}$ = ______________________________

c) $(3{,}4 + 5{,}7) \cdot (7{,}2 - 4{,}7)$ = ______________________________

d) $(12{,}16 - 4{,}61) : 0{,}5$ = ______________________________

e) $(3 + 0{,}7 \cdot 0{,}2) + \frac{1}{2} \cdot 2\frac{4}{5}$ = ______________________________ 10

7 **Bei einer Schülersprecherwahl nahmen 920 Schülerinnen und Schüler teil. Dirk bekam $\frac{1}{4}$, Memet $\frac{3}{5}$ und Claudia den Rest der Stimmen. Wer hat wie viele Stimmen bekommen?**

Rechnung: ______________________________

____

Antwort: ______________________________

______________________________ 3

30–24 Punkte | 23–16 Punkte | 15–0 Punkte | Gesamtpunktzahl

Autorin: Ursula Himmler.

www.cornelsen.de

Bibliografische Information:
Die Deutsche Bibliothek verzeichnet diese Publikation in der Deutschen Nationalbibliografie; detaillierte bibliografische Daten sind im Internet über http://dnb.ddb.de abrufbar.

1. Auflage 2010

Projektleitung: Annegret Hauser, Berlin
Redaktion: lüra – Klemt & Mues GbR, Wuppertal
Reihengestaltung: Magdalene Krumbeck, Wuppertal
Satz und Layout: Ludger Stallmeister, Wuppertal
Illustrationen: Dorina Teßmann, Berlin
Umschlaggestaltung: Magdalene Krumbeck, Wuppertal
Druck und Bindearbeiten: Saaledruck Naumburg GmbH
Printed in Germany
ISBN 978-3-589-23123-2

Gedruckt auf säurefreiem Papier,
umweltschonend hergestellt aus chlorfrei gebleichten Faserstoffen.